U0346895

中国城镇化发展与碳排放的作用关系及碳减排策略研究

施建刚　李佳佳　著

同济大学经济与管理学院
中央高校基本科研业务费专项基金　资助出版

科学出版社

北　京

内 容 简 介

本书是在中国经济和社会发展"新常态"背景下，探讨快速发展阶段的城镇化低碳转型问题。本书以城市经济理论、内生增长理论和碳减排成本理论为基础，以中国199座地级及以上城市作为研究样本，运用STIRPAT模型、"尾效"分析、空间计量经济学分析、耦合关系分析及脱钩关系分析等方法，对城镇化发展与碳排放的作用关系进行深入分析；在此基础上，将城镇化发展与碳排放置于一个复合系统中，通过建立面板联立方程模型，分析实施碳减排措施的成本与收益，进而探讨碳减排策略，并提出城镇化低碳发展的政策建议及保障性措施。

本书适用于城市发展与管理、低碳经济与可持续发展等领域的研究者，对从事公共管理的专业人员也有一定的参考价值。

图书在版编目（CIP）数据

中国城镇化发展与碳排放的作用关系及碳减排策略研究 / 施建刚，李佳佳著. —北京：科学出版社，2019.10

ISBN 978-7-03-061002-7

Ⅰ. ①中… Ⅱ. ①施… ②李… Ⅲ. ①城市–二氧化碳–排气–研究–中国 Ⅳ. ①X511

中国版本图书馆 CIP 数据核字（2019）第 068236 号

责任编辑：郝 悦 / 责任校对：贾娜娜
责任印制：张 伟 / 封面设计：无极书装

科 学 出 版 社 出版

北京东黄城根北街 16 号
邮政编码：100717
http://www.sciencep.com

北京虎彩文化传播有限公司印刷
科学出版社发行 各地新华书店经销

*

2019 年 10 月第 一 版 开本：720×1000 B5
2019 年 10 月第一次印刷 印张：11 1/4
字数：220 000

定价：90.00 元
（如有印装质量问题，我社负责调换）

前　　言

随着中国经济和社会逐步进入新的发展阶段，经济发展从过去追求发展总量与速度，逐步向追求质量和结构优化转变，即"中国经济呈现出'新常态'""速度——'从高速增长转为中高速增长'，结构——'经济结构不断优化升级'，动力——'从要素驱动、投资驱动转向创新驱动'"[①]。在这一转型发展的关键时期，一方面是寻找到新的增长与跨越的内在驱动力；另一方面是增长和跨越面临资源与环境的约束。兼顾经济增长与绿色发展的平衡成为转型发展的关键所在，城镇化发展和碳排放问题分别对应以上两个方面，而对城镇化与碳排放的作用关系及其碳减排策略进行研究，在当前转型发展这一背景下具有重要意义。

首先，本书从城镇化与碳排放的发展态势及存在问题着手，在对城镇化与碳排放的发展现状进行归纳和总结的基础上，发现现阶段城镇化发展与碳排放存在的问题。其次，分别研究城镇化和碳排放对对方的作用及影响。在研究城镇化发展对碳排放的作用方面，分别从直接作用和间接作用两个层次展开，发现经济增长、人口增加、产业发展是城镇化发展促使碳排放量增加的主要因素，技术效应对碳排放减少的作用最为明显；而研究碳排放对城镇化发展的影响作用，从约束作用和经济作用两方面展开，研究其约束作用先从现实发展的角度做论述，然后实证分析碳排放对城镇化发展的"尾效"作用，发现这一约束作用对经济增长和城镇化水平的增长率的影响比没有约束作用减少2.38%和15.96%。再次，在对城镇化与碳排放对对方作用研究的基础上，对两者的整体关系及其相互作用展开研究。先对两者的环境库兹涅茨曲线（environmental Kuznets curve，EKC）模型运用空间计量模型进行检验，然后分析其因果关系；进一步对耦合关系和脱钩关系进行分析，明确其内在关系及其相互作用。在以上研究的基础上，本书将城镇化发展与碳排放置于一个复合系统中，把城镇化发展和碳排放分别作为子系统，通过构建联立方程模型，采用广义矩估计法（generalized method of moments，GMM），对城镇化快速发展阶段的碳减排策略开展研究。第一，发现降低能源

---

① 资料来源：习近平首次系统阐述"新常态". http://www.xinhuanet.com/world/2014-11/09/c_1113175964.htm [2014-11-09]

强度和固定资产投资能耗强度这两项措施能够实现碳排放强度下降与经济增长的双赢；第二，通过深入分析碳减排策略的实施对城镇化发展的影响，发现目前实施的八种减排措施对城镇化发展的负向作用很小，对城镇化发展和城镇化的低碳转型有积极作用，然而这些减排措施带来的经济成本很大；第三，对2003~2015年的实际数据和预测数据进行比对分析，发现目前的碳减排措施能够保证到2020年城镇化发展实际碳减排目标的实现。同时总结出在城镇化发展过程中，推动碳排放强度下降的关键措施为降低能源强度和固定资产投资能耗强度；而从城镇化低碳转型这一长期发展目标看，则需要从转变经济增长方式、优化产业结构，以及使用清洁能源和提高清洁能源利用技术，并加强环境规制力度几个方面着手。最后，结合本书的研究综述和实证研究，提出了城镇低碳发展的政策建议和保障性措施。

　　本书的主要创新点有：从城市层面对碳排放的发展及碳减排策略进行分析；系统、深入地研究中国城镇化发展与碳排放的作用关系；将城镇化发展与碳排放纳入同一个分析系统中，并引入经济成本理论，研究城镇化快速发展阶段的碳减排策略。经过论述和分析，有以下结论：碳排放制约城镇化发展；城镇化与碳排放从不同方面对对方产生影响；从城镇化发展与碳排放的整体关系看，城镇化发展尤其是经济发展对碳排放的依赖程度仍较高；通过对城镇化快速发展阶段的碳减排策略进行分析、评估，得出现阶段的碳减排策略及未来实施的重点。

施建刚　李佳佳

2018 年 10 月

目　　录

第1章 绪　　论

1.1　时代背景与研究意义

1.1.1　研究背景

1. 中国经济社会发展进入"新常态"

自 20 世纪 80 年代改革开放以来的 40 多年，中国经济一直保持高速发展，每年的 GDP（gross domestic product，国内生产总值）平均增长幅度一度保持在 10%左右。中国经济发展取得了巨大的成就，到 2018 年经济总量超过 13 万亿美元，次于美国，成为全球第二大经济体。

2008 年国际社会遭遇全球性金融危机，中国经济受此影响从 2011 年持续走低，2012 年 GDP 增幅下降到 8%以下。中国经济下行压力增强，经济增速放缓逐渐成为趋势，为实现健康、稳定的发展，中国政府提出深化对发展规律的认识，对决策思维和战略战术发展的关键问题做出调整，提出"新常态"的发展理念。

"中国经济呈现出'新常态'""速度——'从高速增长转为中高速增长'，结构——'经济结构不断优化升级'，动力——'从要素驱动、投资驱动转向创新驱动'"，而其核心是追求经济质量的提升，这表明国家经济发展的主要目标从追求经济规模和总量的扩张与增长，开始转向通过优化资源的高效、集约配置，进而提高经济发展的整体质量上来。

伴随着经济发展转向"新常态"，中国社会发展也步入工业化中后期和快速推进城镇化的关键阶段。在这一阶段，一方面，发展惯性决定着中国经济的发展和增长仍高度依赖化石能源的消费；另一方面，节能减排作为推动经济转型的有效杠杆，将发挥重要作用。着力调整经济结构，进一步转变发展方式，制定有效的碳减排策略，早日实现中国经济的低碳转型，成为实践中面临的重大现实问题。

2. 城镇化发展进入关键期

中国经济发展与城镇化进程有着密切的联系。一方面，经济发展为城镇化提供重要的驱动力。20 世纪 80 年代以来中国经济实现了两次跨越：第一次跨越是在 2001 年，人均 GDP 超过 1000 美元，达到了国际通行的中下等收入水平，摆脱了"贫困陷阱"；第二次跨越是在 2010 年，人均 GDP 超过 4200 美元，进入中上等收入国家行列。在实现这两次跨越的过程中，中国的城镇化水平也从 1978 年的 17.9%，迅速上升到 2015 年的 56.1%；城市数量也由 1978 年的 193 个增加到 2015 年的 656 个，城市建成区面积则从 1981 年的 0.74 万平方公里增加到 2015 年的 5.2 万平方公里[1]。除此之外，各种类型的工业园区和高新技术开发区，也推动了城镇化全面而深入的发展。

另一方面，城镇化发展又支撑了社会经济的深入发展与持续繁荣。首先，城镇化带动了社会劳动生产率的全面提高。城镇化促使农村人口向城市转移，这意味着劳动力资源在第一产业和其他产业间重新配置，大量的农村剩余劳动力到城镇就业，显著地提高了生产率；另外，城镇化带来的劳动力自由流动，促进了城市第三产业的繁荣，进而带来城市内部产业结构的调整，间接地提升了劳动生产率。其次，城镇化扩大了内需。城镇化要求分工合作和现代公共服务的生活模式，这样的模式相较自给自足的小农生活模式，衣、食、住、行和公共服务的商品性需求会增强，工业化的产出得以消化，进一步驱动经济发展。再次，工业化发展仰赖于城镇化的推进。在过去很长一段时间，中国工业发展都是走"以地引资"具有中国特色的发展模式，工业用地被无偿划拨或以低价出让等方式用于招商引资，再辅以税收、基础设施建设等相关配套优惠政策和举措，缔造了工业发展的"奇迹"。而这一"奇迹"离不开城镇化推进中住房的市场化和商品化，即地方政府用商住用地募得的巨量资金补贴了工业用地。综上所述，城镇化成为转变经济发展方式的重要条件，城镇化不仅在扩大内需、促进增长中扮演重要角色，而且成为工业发展升级乃至产业结构调整的重要依托。

目前，中国城镇化发展进入新的发展阶段。除了要面临转型升级的压力，中国城镇化发展还需要应对快速发展带来的负面影响，以及各种"城市病"并发叠加带来的挑战，如发展方式粗放和经济集约程度低、社会内部矛盾和不公平加剧、资源环境问题突出等。中国经济社会发展进入"新常态"，对城镇化的发展也会提出更高的要求，不但要积极稳妥地推进城镇化，而且在此基础上要走出一条符合经济发展新阶段要求的、具有中国特色的新型城镇化道路。在推进新型城镇化的进程中，控制生态环境污染，减少碳排放量，实现经济发展低碳转型，成为需要着重关注的领域。

---

① 资料来源：由对应年份的《中国统计年鉴》《中国城市统计年鉴》数据经整理得出

3. 城镇化发展面临节能减排和低碳增长模式的双重压力

城镇化进程的推进转变了人们的生产和生活方式，巨大的投资和消费潜力得以释放，能源消费随之增长，同时土地利用和空间结构也发生巨大的改变，进而影响碳排放的变化。第一，人口由农村向城镇转移和集中。随着城镇人口规模的扩大，生活方式和消费方式也发生了转变，这些都促使能耗量不断增加；但城镇的集聚效应又会大大提高能源利用效率，如城市里公共交通的发展反而减少了人均碳排放。第二，城镇化意味着生产方式由农业活动向第二、第三产业活动转换。城镇第二、第三产业发展，产业结构得以升级转换，工业化的生产方式必然带动能源需求的上升；同时，城镇化为规模化生产提供基础，导致产业的集聚发展，这又为碳排放的增加提供了可能。第三，城镇化需要扩大基础设施建设，以及为解决居住、交通、医疗、教育等公共服务问题，需要不断扩大建设用地面积，从而使市域范围不断扩展，土地利用类型发生极大的变化，这些都进一步增加能耗，减少了城市的碳汇。但随着城镇化的发展，能源消费结构会不断调整，技术水平也会提高，这又会对碳排放产生一定的抑制作用。

2009 年 12 月 18 日，中国政府做出公开承诺，"到 2020 年单位国内生产总值二氧化碳排放比 2005 年下降 40%～45%""我们的减排目标将作为约束性指标纳入国民经济和社会发展的中长期规划"[①]。2015 年 10 月中共十八届五中全会上提出，"推进美丽中国建设""推动建立绿色低碳循环发展产业体系""推动低碳循环发展""建立健全用能权、用水权、排污权、碳排放权初始分配制度"[②]。这一系列动作和举措，都传达出我国政府节能减排的决心及寻求自我持续发展的要求，这更是对国际社会的责任和庄严承诺。与西方国家要求减少碳排放的绝对总量不同，中国的碳减排方法是实现碳减排目标的一种相对的碳减排方法，即在保持经济持续增长的前提下推动碳排放量的减少。众所周知，城镇是碳排放的主要地域单元，也是实现减排目标的重要执行单位。因此，城镇化的推进在这一层面上既面临着机遇，又要经受严峻的挑战。

1.1.2　问题指向

（1）城镇化与碳排放有着怎样的发展状态和趋势，两者有着怎样的联系？

---

① 引自 2010 年第 1 期《资源与人居环境》中的文章：《凝聚共识 加强合作 推进应对气候变化历史进程——在哥本哈根气候变化会议领导人会议上的讲话》

② 资料来源：中共十八届五中全会在京举行．http://politics.people.com.cn/n/2015/1030/c1001-27755913.html [2015-10-30]

回答这个问题需要考察和分析我国城镇化发展与碳排放的相关性，以及现状和特征，分析城镇化的发展水平和速度，碳排放的总量、人均碳排放量、碳排放强度及碳排放效率的变化。

（2）城镇化与碳排放有着怎样的内在联系，它们是如何相互作用的？回答这一问题需要分析城镇化发展进程中的哪些因素影响了碳排放，这些因素是如何影响的；而碳排放又在城镇化发展进程中发挥着什么样的作用，碳减排会如何影响城镇化的推进；城镇化与碳排放及碳减排之间有哪些相互关系，如何相互作用。

（3）在上述分析和研究的基础上，城镇化与碳排放应放在怎样的复合系统中？在兼顾经济持续发展的城镇化过程中，碳减排策略应如何制定？回答这一问题需要将城镇化和碳排放的各要素置于复合系统中，通过对影响碳减排目标实现的因素评估，进而进行预测和分析。

1.1.3　主要意义

（1）城镇化发展和碳排放是中国经济与社会发展中的热点问题。将城镇化发展和碳排放问题纳入同一研究框架下，研究城镇化发展与碳排放的内在关系和相互作用，强调二者的相关关系，是对城市经济发展内生机制的深入剖析；在这一观点的基础上进而研究城镇化发展与碳减排二者之间的矛盾，并融合城市经济学、生态经济学和发展经济学等研究领域，这有利于把握两者的发展特征与现状，分析其内在规律，并丰富相关领域的研究成果。

（2）中国处在经济社会结构调整和城镇化发展的关键期，"规模收益"递增，尤其是城镇化成为国家发展的新引擎，而城镇化的发展与碳排放密不可分。在城镇化发展的大背景下，保持经济和社会持续稳定发展，并减少碳排放是城镇化健康发展的基本要求，也是城镇化的发展目标。兼顾社会稳定、经济发展、生态环境系统的均衡，实现国民经济的结构调整与社会城乡一体化的推进，具有现实的指导意义。如何在城镇化发展的过程中突破资源、环境约束，在促进经济平稳增长的同时，不导致碳排放和环境污染的增加，对中国进一步发展具有重要的实践意义。

（3）对城镇化发展和碳排放的相互作用与减排策略的研究，可以为相关政策研究提供参考。研究一方面可以剖析影响二者的关键要素，理清其发展过程和影响，并明晰二者的发展方向；另一方面，则可以将研究成果应用于国家宏观发展政策和中观引导政策的制定与实施上，通过分析"城镇化—碳排放"复杂系统模型，评估 2020 年碳减排目标实现的可能性，进而进行有针对性的措施和对策制定，以便为城镇化进程和经济社会的可持续发展做出指引，进而为完善现有政策体系给出进一步的参考。

1.2　本书的相关概念

1.2.1　城镇化

城市化由"urbanization"翻译而来,在国外主要指由乡村转变为城市的过程。"urban"包含城市(city)和镇(town)的双重含义,因为许多国家没有"镇"这一级别的建制或者镇的规模较小,所以"urbanization"在国外多指乡村人口向城市(city)集聚的过程,故称城市化。而在中国,镇是一个重要的行政建制,甚至有些镇的规模超过国外的小城市,农村人口既向镇转移,也向城市集聚,正是中国与国外的这些差别,中国学者将具有中国特色的城市化过程称作城镇化。

城镇化(城市化)包含经济社会演进过程中多方面的内容,涉及的学科也对此有各自不同的解读。地理学对城镇化的定义是乡村地域景观逐渐向城镇地域景观转化和集中的过程;人口学则认为城镇化强调农村人口不断转变为城镇人口,并且城镇人口占全社会人口比重不断上升的过程;经济学意义上的城镇化更强调农村经济向城镇经济转化的过程;社会学则认为城镇化代表了城镇社会生产生活方式取代了自给自足的农业生产生活方式的过程。

综合各个学科对城镇化的定义及实践的不断深化发展,本书认为城镇化或者城市化(urbanization)是伴随着工业化的发展,非农产业不断壮大,农村人口不断向城镇转移,非农业人口数量不断增长,城镇数量不断增加与城镇规模不断扩大,城镇生产生活方式和文化逐渐向农村扩散与传播的发展过程。

1.2.2　新型城镇化

随着城镇化的快速发展,各种问题层出不穷,要跨过"中等收入陷阱",实现中国梦,推行新型城镇化成为基于中国国情的必由路径。与传统城镇化不同,新型城镇化强调"人的城镇化",即倡导要以人为本,将追求人民幸福,改善民生,实现人地和谐作为核心;同时把提升发展质量作为关键,将重心转移到发展高质量城镇化上来,进而将绿色低碳融入发展过程中,走生态环保、高效节约的可持续发展之路(方创琳等,2014)。由此,新型城镇化的驱动模式是追求集约型的,主要表现在低资源消耗、低碳排放、低环境污染和高综合效应等方面,这与我国全面建成小康社会和实现可持续现代化的战略目标完全一致。

与传统城镇化不同,新型城镇化发展不再片面、单一地追求城市的发展速度和数量增长，忽略人和环境在城镇化过程中面临的一系列问题，而是更加注重城镇的宜居和生活功能，突出以人为本和提高城镇质量两大基本核心。

以人为本的城镇化，有两层含义：一是在城镇发展过程中，不断提高城镇人口的综合素质，并且有序地推进有能力在城镇稳定生活和就业的人转变为市民，保障其各项权益；二是不断地完善和优化城镇的生活与消费功能，满足城镇居民的生活和发展需要，提高居民的生活质量和幸福感。以人为本是新型城镇化的根本标准，更是发展主体、发展要求和发展原则。

城镇化中的提高城镇质量有以下两方面含义：一方面是围绕城镇的经济和生产功能，在新形势下更强调生产要素被高效、集约地利用，对经济结构和发展方式也做出相应调整，如提高城镇土地利用效率，加大城市人口承载力；采取切实可行的技术和政策措施，提高能源利用效率，降低能耗和碳排放强度。另一方面是提高城镇的建设和管理水平，提升城镇建设的现代化水平，预留城镇科学、可持续发展的空间和前瞻性。

1.2.3　碳排放与碳减排

最初对碳排放的探讨是在科学领域。碳排放是指温室气体排放，温室气体成分主要由 CO_2 构成，因此，常用碳排放来代称，这也是方便大众理解。在科学意义上，温室气体的成分还含有甲烷（CH_4）、一氧化二氮（N_2O）和氟利昂等。在学术研究上，对温室气体的核算一般是折算 CO_2 的当量。

1979 年第一次世界气候大会召开，科学家们指出大气中 CO_2 浓度持续增加，全球气温将显著上升，全球气候变暖问题开始进入科学界的主流视野，并引起国际社会的关注。1988 年 11 月，联合国政府间气候变化专门委员会（Intergovernmental Panel on Climate Change，IPCC）成立，先后四次组织全球相关领域的科学家对气候变化进行评估，并于 2007 年的气候变化评估报告中得出，全球气温的上升有 >90% 的可能性是由人类排放的温室气体浓度的增加所引起的。这一结论加快推进了国际气候谈判的进程，《联合国气候变化框架公约》和《京都议定书》等有关温室气体排放的议程也先后达成，温室气体减排也成为国际社会探讨环境问题的核心议题。在全球碳排放中，人类活动消耗化石燃料释放的 CO_2 占全球碳排放的比重达到 80% 以上，占全球温室气体排放量的 56.6%（Churkina，2008）。推动节能减排和发展低碳经济成为社会科学领域的热点问题。城镇化作为人类对自然环境影响最深刻的活动结果，这一进程还伴随着社会经济的发展、消费方式的改变及能耗的增加等，成为碳排放增加的重要原因。

中国作为世界上最大的发展中国家，且处于工业化中后期和快速推进城镇化的重要发展阶段，加上对化石能源依赖的经济模式，都决定着其成为碳排放大

国。作为负责任的大国，中国也向国际社会做出了一系列的承诺。中国政府于
2009 年 12 月 18 日在哥本哈根气候变化会议领导人会议上郑重承诺，"到 2020
年单位国内生产总值二氧化碳排放比 2005 年下降40%～45%""我们的减排目标
将作为约束性指标纳入国民经济和社会发展的中长期规划"。

城市是实现总体减排目标的主要地域单元，本书研究在中国大力发展城镇化
的背景下有效降低碳排放的方法。研究碳排放，首先需要估算碳排放量，目前应
用比较多的能源消费碳排放估算方法有碳排放清单估算方法、生命周期评价法和
投入产出法。本书以生命周期评价法和投入产出法为基础，评价最终需求，测算
碳排放量。关于城镇碳排放的核算，执行城市温室气体核算标准和工具，依据是
2014 年 12 月 8 日的《联合国气候变化框架公约》第 20 次缔约方大会上正式发布
的《城市温室气体核算国际标准》。

我国目前推行新型城镇化，经济社会发展也进入"新常态"。为了顺利完成
碳减排目标并早日实现中国经济的低碳转型，本书需要对城镇化发展和碳排放的
相互作用进行深入剖析，对不同减排措施的减排效果及其经济成本的差异加以比
较，这样有利于选择正确的减排措施，进而制定出科学的碳减排策略，本书基于
这一时代需要，提出相应的研究方法和思路。

1.3 本书研究的主要目标与主要内容

1.3.1 主要目标

本书旨在通过分析城镇化发展和碳排放两者之间的关系，探讨碳减排措施，
研究如何在碳减排约束下促进新型城镇化高质量、集约化和生态友好的平稳发
展。具体研究目标包括以下四方面。

1. 理清城镇化发展与碳排放两者的单向作用

明晰城镇化发展对碳排放量和碳排放强度的直接作用与间接作用。明晰碳排
放对城镇化发展的约束作用和经济作用。

2. 揭示城镇化发展和碳排放的相互作用关系

本书研究城镇化背景下的碳减排问题，不仅要从单向的作用关系角度确定城镇
化发展和碳排放的关系，还要从整体研究两者之间的内在联系，明确两者的双向作
用。通过空间计量经济学分析、耦合关系分析和脱钩关系分析，揭示两者内在关系。

3. 构建快速发展阶段城镇化发展与碳排放的联立方程模型

城镇化的经济产出、产业结构、能源利用技术、环境规制等与碳排放之间有着密切的联系，本书通过建立复杂的系统分析模型，揭示出双方的系统性影响。

4. 运用 GMM 对复杂系统模型进行系统预测

通过预测和估计得出每个减排措施对城镇化发展、经济产出与碳排放的影响，然后就减排策略对 2020 年碳减排目标的可达性进行评估，并得出碳减排策略的实施重点。

1.3.2　主要内容安排

1. 城镇化发展与碳排放的发展态势及存在问题

本书首先从发展水平、发展速度两个方面分析中国城镇化的发展现状，并建立综合测度指标体系，评价新型城镇化发展状况。其次，先界定城镇层面碳排放核算方法，然后从碳排放量、碳排放强度、人均碳排放三个方面描述中国城镇碳排放的现状，并对碳排放效率变化进行测算。最后，在对城镇化发展与碳排放现状分析的基础上，发现城镇化发展与碳排放间存在的问题，即碳排放对中国城镇化发展的制约。

2. 城镇化发展对碳排放的作用研究

首先，从直接作用角度运用可拓展的随机性的环境影响评估模型（stochastic impacts by regression on population, affluence, and technology, STIRPAT），从经济发展水平、人口数、碳排放强度和城镇化水平四个方面对碳排放量的驱动力进行分析与测度；其次，从城镇化发展产生的规模效应、结构效应和技术效应三个方面，分析城镇化发展对碳排放的间接作用。

3. 碳排放对城镇化发展的作用研究

关于碳排放对城镇化发展的影响作用，本书从约束作用和经济作用两个角度展开。首先，约束作用分析从两个方面展开：一方面是碳排放带来环境污染、气候异常等一系列问题，面临着国际社会和国内发展的双重治理压力；另一方面则是碳排放与城镇化发展之间的矛盾，即碳排放约束城镇化发展的"尾效"作用。其次，研究碳排放对城镇化发展的经济作用则从三个经济效应分析展开：一是碳排放为城镇经济活动的非期望产出，进而约束城镇经济发展；二是碳排放的负外部性最终影响城镇经济的整体发展；三是碳排放会造成人均消费增长停滞和环境质量恶化，进而对经济增长的整体影响也会显现出来，经济增长也将不可持续。

4. 城镇化发展与碳排放的相互作用研究

在对城镇化发展与碳排放单向作用关系进行分析的基础上，本书研究两者的相互作用及其作用机理。首先，结合 EKC 模型，运用空间计量经济学相关研究方法，研究处于快速发展阶段的城镇化发展与碳排放间的互动关系。其次，经过格兰杰因果检验分析，梳理城镇化发展与碳排放的因果关系及影响方向。再次，衡量两者的耦合关系，明确两者的协调度和关系状态。最后，对城镇化发展过程中的经济增长和碳排放强度进行了脱钩关系分析，分析两者可能的发展趋势。

5. 研究城镇化快速发展阶段的减排策略

将城镇化发展和碳排放置于一个复合系统中，通过建立联立方程模型，对面板数据运用 GMM，对其内在作用进行系统分析；同时评估碳减排实施的成本与带来的效益；在此基础上分析 2020 年碳减排目标的可达性，并提出了碳减排策略实施的重点。

6. 城镇化快速发展阶段的政策建议及保障性措施

本书结合综述部分发达国家的低碳发展经验及实证分析，并从我国城镇化与碳排放的发展现状出发，从三个方面提出政策建议：建立促进城镇化低碳发展的政策体系与协调机制，将低碳发展纳入城镇发展规划与布局过程，重视产业转型与升级并提高经济发展质量；接着从加强政府的环境规制职能，强化科技支撑以提升能源利用效率并优化能源结构，深入探索低碳城镇和社区建设试点，建立低碳市场交易制度四个方面提出了保障城镇化低碳发展的具体措施。

1.4   本书研究方法与研究框架

1.4.1   研究方法

研究城镇化发展过程中的碳排放与碳减排问题，涉及包括城市经济学、发展经济学、环境经济学、计量经济学、系统分析理论、空间经济学等多学科的理论与方法；研究方法是理论分析与实证研究相结合，定性分析与定量分析相结合，通过现状分析、相互关系分析、模型构建、系统估计等手段，对城镇化发展、碳排放与碳减排的内在联系进行全面剖析，并得出城镇化快速发展阶段碳减排策略的实施重点。具体研究方法包括以下四种。

（1）统计分析法。通过数据收集、整理，本书综合分析了中国 199 座地级及以上城市的城镇化与碳排放的发展特征和现状。

（2）计量经济学方法。使用静态面板数据模型、单位根检验、格兰杰因果检验等方法，对城镇化发展对碳排放的作用和影响及二者的因果关系等进行分析。

（3）系统分析方法。将城镇化发展和碳排放置于一个复合系统中，并将城镇化和碳排放视为复合系统中有机联系的两个子系统，分析其发展现状及存在的问题，提高研究结论的科学性。

（4）其他方法。例如，主成分分析法综合测度城镇化的发展水平；数据包络分析方法（data envelopment analysis，DEA）测度中国城镇的碳排放效率；运用 EKC 模型并结合空间计量模型分析城镇的经济发展与碳排放的关系；运用"尾效"分析方法研究碳排放对城镇化发展的约束；此外，还有耦合关系分析、脱钩关系分析等方法。

1.4.2 研究框架

本书采取以下技术路线展开相关研究工作。

（1）明确研究内容，对研究样本进行初步研究和分析。首先，采用文献分析方法，对研究内容的相关国内外文献进行梳理，掌握研究现状、研究进展和不足。其次，通过理论归纳和研究方法的探索，确定本书研究的理论基础。最后，明确研究样本的相关数据和资料，为研究开展做好准备工作。

（2）对发展态势和存在的问题进行研究。收集城镇化和碳排放发展的相关数据，运用实证分析方法，对比分析研究样本的国内外发展状态与存在的问题。

（3）分别分析城镇化发展和碳排放对对方的影响及作用。在研究城镇化对碳排放的作用方面，先运用 STIRPAT 模型研究其直接作用，再建立模型通过规模效应、结构效应和技术效应研究其间接作用；在研究碳排放对城镇化的影响作用方面，通过资料陈述与现状描述及"尾效"分析方法研究其约束作用，接着通过非期望产出、负外部性和 Solow 增长模型等经济模型的推导，研究碳排放对城镇化发展的经济作用。

（4）在单向影响效应与作用研究的基础上，分析城镇化发展与碳排放的相互关系及作用。主要通过 EKC 模型检验、空间计量经济学分析、因果关系分析、耦合关系分析及脱钩关系分析等计量方法与研究手段，研究两者整体的相互关系。

（5）将城镇化发展和碳排放置于一个复合系统中，通过建立联立方程模型，基于面板数据并运用 GMM，系统分析城镇化发展和碳排放的内在作用；评估碳减排的成本与效益并计算 2020 年碳减排目标的可达性，最后提出碳减排策略实施的重点。

（6）在前文理论综述与实证研究的基础上，得出本书主要的研究结论与创新点；然后提出促进新型城镇化低碳转型的政策与措施，并对将来进一步研究做出展望。

本书的研究框架，如图 1.1 所示。

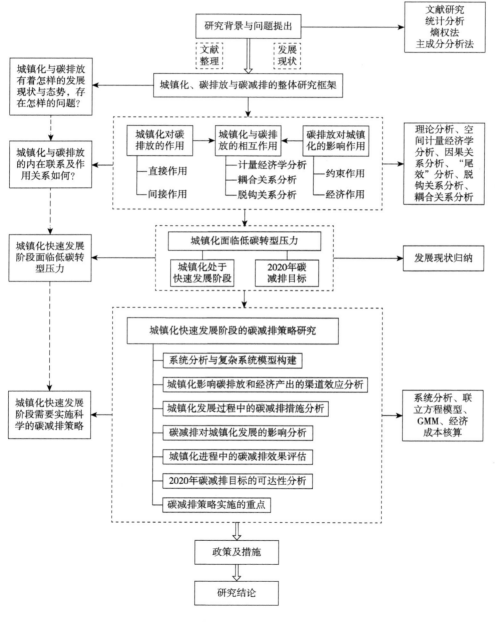

图 1.1　研究框架图

第2章 文献综述与理论基础

美国经济学家、诺贝尔经济学奖获得者斯蒂格利茨认为，以美国为首的新技术革命和中国城市化是深刻影响 21 世纪人类进程的两件事。同时，2012 年中央经济工作会议提出要积极稳妥地推进城镇化，着力提高城镇化质量。要把生态文明理念和原则全面融入城镇化全过程，走集约、智能、绿色、低碳的新型城镇化道路①。中国快速城镇化不仅关系到中国的发展和现代化进程，而且会深刻影响世界城镇化的进程和未来。目前中国处于快速城镇化的重要发展阶段，经济也处于工业化中后期，对化石能源消费高度依赖的发展特征，决定着中国碳排放量会随着经济的发展和城镇化的推进而迅速增加。中国作为能源消费大国，向世界承诺有效减少碳排放，并将这一决策纳入国民经济和社会发展的中长期规划。

因而，如何在保证城镇化顺利推进和保持经济持续增长的前提下推动碳排放量的减少，成为中国现阶段亟待解决的问题。

因此，本章将着重梳理有关城镇化、碳排放及其两者作用关系的相关文献，并梳理有关碳减排的研究成果。内容安排如下：在 2.1 节，主要围绕城镇化与经济增长、城镇化与产业发展、城镇化与技术发展、城镇化与环境规制的关系的研究文献进行综述；2.2 节主要综述碳排放的相关文献；2.3 节综述城镇化与碳排放的作用关系的研究成果；2.4 节综述碳减排的相关文献；2.5 节介绍城市经济理论、内生增长理论与碳减排成本理论在本书中的应用。

2.1 城镇化的相关文献综述

1.2.1 节已经对城镇化的概念做了界定，学术界对城镇化的研究也涉及多个领域和学科，如经济学、地理学、管理学、人口学等。本书在前人研究的基础上，结合本书的研究内容，对城镇化涉及的多学科视角和理论内涵进行梳理，从

---

① 资料来源：中央经济工作会议在北京举行. http://news.12371.cn/2012/12/17/ARTI1355690078721576.shtml [2012-12-17]

城镇化与经济增长、城镇化与产业发展、城镇化与技术发展、城镇化与环境规制
等几个方面进行回顾。

2.1.1　城镇化与经济增长

已有的多数研究表明，城镇化与经济增长经常保持相同的发展趋势，往往具
有发展方向上的一致性，即城镇化水平与经济增长表现出显著的正向互动关系。
Berry（1970）对全球范围内 95 个经济体的城镇化发展与经济增长指标之间的关
系做出分析，发现两者关系呈显著的正相关。Moomaw 和 Shatter（1996）又运用
回归分析方法以世界上 90 个经济体为研究对象，结果显示城镇化水平与工业化
水平、人均 GDP 等经济指标表现出显著的正相关关系。Vernon（2000）则选取
了 1960～1995 年多个国家的面板数据，运用 GMM 估计出世界各国的城镇化率与
人均 GDP 之间的相关系数是 0.85，同时认为要保持两者的正相关性，需要为城
镇发展提供制度和政策方面的保障。

伴随着国内城镇化发展速度和进程的加快，越来越多的国内学者也对城镇化
与经济增长的关系进行了研究。周一星（1982）分析对比了 157 个国家和地区的
发展数据，得出绝大多数国家和地区的人口城镇化水平与人均 GDP 之间存在着
紧密的联系，只有少数国家未能保持这一趋势。徐雪梅和王燕（2004）则通过实
证分析得出我国城市化水平对经济增长的促进关系，并得出具体数值，即城市化
水平提高 1%，就会推动该地区人均 GDP 增长 4.2%。张颖和赵民（2003）从实证
分析的角度，应用钱纳里多国模型，得出城镇化发展与经济发展的一般关系和发
展衡量指标。刘耀彬（2006）利用协整关系检验和基于向量误差修正（vector
error correction，VEC）模型的格兰杰因果检验方法，分时段地对我国城市化发
展与经济增长之间的长期相关关系和因果关系进行了实证检验，得出目前我国城
市化发展与经济增长是互为推进的关系，着眼于多要素的综合是协调好二者关系
的有效途径。易善策（2008）则从更为宏观的角度分析了城镇化与经济社会发展
的关系，认为城镇化发展不仅与工业化的结构转型发展存在着互动关系，还深受
向市场经济转轨过程的影响。朱孔来等（2011）分别利用时间序列数据和面板数
据研究了两者的关系，他们先运用时间序列数据分析了城镇化进程与经济增长间
的动态过程和弹性关系，研究发现我国城镇化水平每提高 1%，就促使经济增长
7.1%；接着他们又运用面板数据在空间层面上分析城镇化的经济转换过程，结果
表明，经济增长与城镇化水平具有双向的促进作用。

但也有一部分研究发现，城镇化与经济增长并非表现出正向相关关系。Fay
和 Opal（2000）、Poelhekke（2011）、Fox（2012）研究发现在一些国家和地
区，城镇化与经济增长呈现正“U”形关系；相反，Henderson（2000）、

Henderson（2003）、Timmins（2006）则发现两者呈倒"U"形关系，并得出城镇化发展本身对城镇生产效率的提升并无显著的影响，从而通过鼓励城镇化有效促进经济增长更是无法得以验证的结论。Fay 和 Opal（2000）、Poelhekke（2011）、Fox（2012）通过对20世纪80年代非洲和拉美一些国家的研究发现，当时社会贫富分化、政局动荡、教派之间冲突导致农业生产风险剧增，再加上人口结构发生变化，其城镇化速度加快，而经济增长则放缓甚至负增长。此外，还有一些学者，如Gallup 等（1999）、Herrmann 和 Khan（2008）通过研究发现城镇化是经济发展和增长的一种结果与伴随现象，且一个国家或地区的城镇化水平要与其经济发展水平相适应，否则会对经济发展造成负面和不利的影响。

我国自改革开放以来，经济发展与城镇化的进程都在加快。面对这样的发展演进态势，国内学者对两者关系的研究出现了不同的看法。一种观点认为我国城镇化发展水平滞后于经济增长。例如，顾朝林（2004）研究认为中国城镇化发展长期滞后于经济发展，并且与国际相应阶段比较城镇化水平增幅要小得多。厉以宁（2011）认为我国目前城镇化率太低，并且相较经济发展的速度要慢很多。巴曙松等（2010）研究发现城镇化发展水平远滞后于经济发展水平，并且城镇化会成为中国未来经济发展的主题。与此相反，另外一种观点则认为中国目前的城镇化率与经济发展水平是相协调的，只不过相较发达国家其协调程度较低。甚至有部分专家，如周一星（2006）、陆大道等（2007）认为，我国部分地方的城镇化一度出现攀比和冒进的现象。同时，陈明星等（2009）将经济增长作为衡量城市化的一个重要内涵，并认为两者应统筹发展。姚士谋等（2011）研究认为中国城镇化发展处于急速发展阶段，并伴有土地利用粗放、水资源消耗过度、生态环境遭受破坏等问题，城镇化发展应符合国情，遵循科学发展规律。方创琳和王德利（2011）则通过城市化发展质量测度指标论证了经济增长对我国城镇化进程健康发展的关键作用。施建刚和王哲（2011）通过对我国省级面板数据的研究，发现我国当前城镇化与经济增长有着相互促进的作用，但二者长期的良性循环机制并未形成。

对城镇化与经济增长匹配程度的验证，大多数学者采用钱纳里多国模型。程开明（2007）、蒋南平等（2011）研究认为中国正处于城镇化加速阶段，此阶段中国城镇化水平与一些经济发展的指标，如人均 GDP、居民消费水平等，表现出非线性的关系，具体可描述为"S"形的曲线关系。李郁（2005）则收集多国的经济面板数据，建立了影响城镇化的模型，在此基础上，分析了当时中国城镇化较为滞后的经济原因。同时有学者认为针对中国特殊的国情和城镇化发展进程这一问题，研究者直接运用钱纳里多国模型并不合适，如Zhao 和 Zhang（2009）从不同角度分阶段分析了我国城镇化与经济发展之间的内在关系，在此基础上修正了钱纳里多国模型的定量模型。陈明星等（2013）则研究了世界上 149 个国家和地区城镇化与经济发展的关系模式，对钱纳里多国模型的参数重新估计，并得出相较于人口规模较小的国家，人口大国的城镇化发展受经济增长的影响较小的结论。

2.1.2　城镇化与产业发展

城镇化建设需要产业的发展和升级来支撑与推进，关于城镇化与产业发展相互作用的研究成果及相关文献有很多，本小节着重从城镇化与产业结构的关系角度，对两者的关系进行梳理，研究成果主要集中在以下两个方面。

一方面研究认为，城镇化能够有力地推动产业结构的升级。Kolko（2010）通过对第三产业与城镇化发展关系的研究发现，现代服务业和相关协同行业由于城镇化的推进得以发展与集聚，进而也在一定程度上促进了城市产业的升级、转换和产业结构的优化。Michaels 等（2008）研究认为现代城镇发展有力地促进了技术创新和新技术的出现，这在很大程度上为新兴产业的涌现和集聚提供了基础与支持，从而推动了产业结构的升级。

李克强（2012）强调指出，城镇化需要产业发展来充实，通过产业发展促进就业和创业，同时城镇化也能为产业发展提供更好的平台。辜胜阻和刘江日（2012）在研究城镇化与工业发展的关系后得出，城镇化能推进工业发展向集约、循环、创新等方面转变，进而影响到产业转型和结构升级。李丽莎（2011）研究发现，城镇化不仅能够促进产业结构的升级，还在很大程度上促进就业结构的转变。孙晓华和柴玲玲（2012）分析得出城镇化是推进产业结构变动的重要原因的结论。蓝庆新和陈超凡（2013）运用省域层面数据分析指出，城镇化的发展会不断提升产业发展的层次。吴福象和刘志彪（2008）研究了长江三角洲（简称长三角）地区的城市发展有利于集聚各种优质要素，进而增强要素在空间上的流动，促进集聚的外部经济性和区域创新效率的提高，这些都利于产业结构的升级。黄亚捷（2015）在区域层面上对中国城镇化和产业结构升级研究发现，整体上中国城镇化推动了产业结构的升级，但是存在区域差异，东部城镇化促进产业结构升级的效应相较中西部明显偏低。

关于城镇化对产业结构升级的作用方面，也有专家存有截然不同的观点，即发展中国家的城镇化对产业结构的优化有着消极和负面的影响。Hope（1998）认为发展中国家城镇化的形成过程，主要以传统制造业集聚为中心，这就造成城市的创新能力较低，使第三产业发展畸形，从而不利于产业结构的升级。Farhana 等（2014）通过对发展中国家城镇化与产业发展的研究发现，发展中国家由于处于全球低端产业链，容易陷入"丰收贫困"的困境，即发展中国家的城镇化推进以粗放型的经济增长方式为代价，这十分不利于产业结构的优化。洪业应（2012）

研究了两者的互动关系发现，产业结构的升级及调整能够提高城镇化率，但是城镇化水平的提高并不能促进产业结构的升级与调整。杨文举（2007）通过对城镇化率和产业结构升级的实证分析发现，短期内城镇化水平的提高并不能有效促进第二、第三产业的发展。

另一方面研究认为产业结构升级对城镇化水平的提高具有正向作用。Davis和Henderson（2003）从集聚经济视角展开研究，发现产业结构由低级形态向高级形态变迁的过程中会推动城镇化水平的提升。Jacobs（1969）在他的经典著作《城市经济》一书中明确论证并指出，产业发展从发展水平和结构升级两个方面衡量，对城镇化发展都具有正向作用，即产业发展推动了城市化，同时产业结构的优化和升级促进了城市发展水平的提高。Huff 和 Angeles（2011）以第二次世界大战（简称二战）前东亚的工业化及城镇化发展进程作为研究对象，发现由于运输成本的下降，全球贸易得以活跃，进一步刺激了工业发展，从而大型的中心城镇在东亚得以创建。Guest（2012）、John 和 Wan（2013）研究认为，当产业发展处于第一产业向以工业为主导产业转变的过程中时，城镇化的发展得到极快的拉动。Drucker 和 Feser（2012）以制造业作为研究对象，研究了区域产业结构和集聚经济的关系，结果表明一个区域产业结构的调整并不会影响集聚经济的发展，从而城镇化发展并未受到阻碍。

我国一些学者则直接认为产业结构的转换和升级是一个城市持续发展的动力（汪冬梅等，2003）。郭克莎（2002）从城市经济学角度论证了产业结构的升级和优化，不仅为城市经济确定新的发展方向，而且能提升农村生产力水平。周冰（2011）则从城市发展视角论证产业结构对城市发展的重要意义，他认为城市化的实质在于产业的选择和集聚，一个城市对主导产业的选择决定了城市的定位。马凤鸣（2012）以经济发展为中间变量，论证了城镇化发展与产业结构转换间的关系，研究结论表明产业结构的升级、优化和转换是经济发展的重要表现形式，经济的持续发展必然促进城镇化水平的提高，由此说明，产业结构的升级和转换拉动了城镇化发展。温涛和王汉杰（2015）对比分析了产业结构变迁影响城镇化发展的区域差异，研究结果表明总体上产业结构变迁对中国城镇化发展具有推动作用，但是其影响效应表现出显著的区域性差异，东中部产业结构变迁对城镇化发展的推动作用要明显强于西部地区。张占斌等（2013）则运用"推拉理论"结合实证分析了产业发展和结构升级对城镇发展的推动作用。

2.1.3　城镇化与技术发展

随着城镇化的发展，城镇化所表现出的诸多特征，如集聚性、系统性、多样性等都利于技术的产生、扩散和提高。同时，技术发展则加快了城镇化的进程，并提升其发展质量。对于两者的关联性和互动作用，国内外学者都做了研究和论述。

关于两者的关联作用研究，国外研究有以下论述：美国学者 Hawley（1966）最早完成了城市与技术创新的关联分析，他研究了 1800～1914 年美国 35 座大型城市人口与专利申请数之间的关联度，并发现这 35 座大型城市的人均专利数是全美国人均专利水平的 4.1 倍，这正说明了技术创新多集中在城市的事实。Higgs（1971）则以美国整体的城市发展水平作为样本，研究城市化水平与技术创新的联系，研究结论证明两者联系非常密切。胡振亚和汪荣（2012）综合运用定量与定性方法分析科技创新对城市化发展的作用，研究结论表明科技创新对城市化的贡献率相对较高，并且二者存在显著的协同作用关系。国内学者仇怡（2013）则从区域层面上分析了城镇化发展与技术水平的关系，主要运用 1990～2010 年中国区域层面社会发展与技术发展相关的面板数据，分析城镇化发展与技术水平之间的关系，发现区域层面上的技术发展水平和创新水平与城镇化的发展进程保持一致，技术发展与城镇化发展呈现出高度的正相关关系。

关于城镇化对技术发展的作用研究，国外专家的相关研究有：Audretsch 和 Feldman（2004）的研究成果直接显示，技术创新高度集中在城市地区。Glaeser 等（1992）以二战后高人力资本城市为研究样本，发现城市中的学习增长和知识积累更快、更高速。Popper 等（2011）研究发现城市经济表现出的互补性、弱可分性和技术上的相互依赖性，进一步促进了技术的提升和新技术的获得，因此，技术水平的提升在城市更容易实现。Jaffe 等（1993）同样将新专利作为衡量一个城市技术水平的指标，研究发现一个城市的新专利往往是在引用本城市老专利的基础上做出的，并且这一概率要高于均值的 5～10 倍，这充分说明了城市具有促进知识溢出的作用。Carlino（2001）先对技术创新过程中的知识溢出进行分类，并对知识溢出的两种模式——MAR 模式（以 Marshall、Arrow 和 Romer 等的研究贡献总结出的知识溢出模式，强调地方化外部性）和 Jacobs 模式（强调内生技术进步对知识溢出的作用，强调知识外部性）进行对比分析发现，地方性和专业化的经济都促使知识溢出，这也间接地证明城市对技术水平具有提升作用。国内研究方面：赵伟和李芬（2007）通过对大城市劳动力特征的研究得出，大城市能够为劳动者提供更多正式或非正式沟通学习的机会，进而增加知识溢出效应，城市具有提高技术水平的空间意义。程开明（2010）研究了中国城市化进程对技术创新的促进作用，得出城市化对技术创新具有正向促进作用，并且城市规模越大其创新能力越强。聂尊辉（2013）运用投入-产出模型，在区域分析的基础上，研究中国城镇化水平对技术创新能力的影响，发现影响力存在区域性的差异；同时指出，中国目前的技术水平提升仍依赖于物质资本和资金的投入，人力资本发挥的效用较低。

　　关于技术发展对城镇化的作用研究，国外的相关研究有：Krugman（1991）通过对经济活动的区位和经济空间过程演进的研究，发现知识溢出对一个城市和地区经济增长的重要作用。Grossman（1994）研究证明内生的技术进步带来了城镇化发展和长期经济增长。Fagerberg（1994）发现一个地区的经济增长在很大程度上与国外技术扩散、技术知识的增长、利用技术知识能力的增长三个因素相关。一个个具体的劳动力决定了一个城市的技术水平，有专家从劳动力技能水平与城镇规模的关系的角度论证技术发展对城镇化水平的作用。Bacolod 等（2009）认为城市吸引的劳动力除了有规模上的差异，更有劳动者技能的差异。Berry 和 Glaeser（2005）、Baumsnow 和 Pavan（2009）研究认为劳动力技能表现出的这种异质性，除了导致城市规模有大和小以外，更突出的表现是导致城市间产生技能分层现象。Combes 等（2008）、Bacolod 等（2010）发现劳动力根据技能在城市间分类或分离。Behrens 等（2010）、Eeckhout 等（2010）、Venables（2011）、Matano 和 Naticchioni（2012）研究认为当异质性达到均衡时，高技能劳动力将集聚在大城市，而小城市则多聚集技能相对较低的劳动力。国内相关专家有以下论述：陈强远和梁琦（2014）通过考察劳动力知识溢出和城市技术比较优势，得出城镇化的持续发展离不开技术的提升和生产效率的提高。陈鸿宇和周立彩（2001）认为技术和对外贸易通过调整产业结构、升级产业层次和优化城市布局，促进城市发展水平的提高。袁博和刘凤朝（2014）分析了 1995～2012 年我国技术创新与城镇化发展之间的关系，结果显示，技术创新与城镇化发展之间保持长期的均衡关系，技术创新对城镇化具有正向的促进作用。

2.1.4　城镇化与环境规制

　　目前中国城镇化处于快速发展时期，城镇在人们的社会生活中扮演着重要角色，城镇环境也成为衡量城镇化质量的重要方面。为了提升城镇环境质量，需要实施一系列的环境规制政策或措施。环境规制是指政府为了保护环境，履行公共服务职能采取一系列环境保护措施，如颁布环保法律法规、实施环保行政处罚、加大环境保护投资等。在本小节我们从环境规制对城镇化发展的政策效应及环境规制对城镇经济发展的影响两个方面做综述。

　　1. 环境规制对城镇化发展的政策效应

　　环境规制对城镇化发展的政策效应大小，一方面取决于城镇间环境政策的协同程度，另一方面则与政府对环境规制政策的执行能力和执行程度相关，如企业节能减排目标的制定是否合理，绿色节能减排技术的推广是否可行，这一举措是否能改善城镇整体的环境卫生条件，等等。通过对发达国家环境规制政策的执行效果总结得出，在区域层面上，环境规制政策对污染物的减少与节能减排的效果影响显著。

Lutsey 和 Sperling（2008）通过模拟仿真的方法，研究分析表明如果全美国范围内的城镇都严格遵守节能减排政策，污染物的排放量也会明显变少。OECD[①]（2010）的研究报告指出，通过高密度化和多样化的城市气候变化治理政策，OECD 国家治理碳排放的成本能够有效地节约 3%～49%。Trisolini（2010）研究发现不同城市与区域间的集体协作对气候变化的治理和城市生活质量的提升具有重要意义，环境规制目标只有在这样的集体协作中才能实现。Hering 和 Poncet（2014）则在城市层面上分析了实施环境规制政策对出口贸易的影响，结果表明实施环境规制政策对城市出口的负面影响显著，并且这一效应对不同性质企业的影响程度也不同，私有制企业更容易受到影响，而国有企业受到的影响有限。

国内也有学者就环境规制对城镇化发展的政策效应做了大量研究。程新金等（2004）以 2000 年、2005 年的二氧化硫排放量作为研究样本，对比 1995 年的二氧化硫排放量，2000 年和 2005 年的二氧化硫排放量分别降低了 21.4% 和 28.4%，硫沉降量则分别降低了 17% 和 24.7%，在绝对排放量上有很大程度的减少；但是硫排放的超临界负荷区域分别只下降了 0.3% 和 6.9%，硫沉降的超临界负荷仍然占全国硫沉降的 45.4% 以上，污染情况仍旧严重。张征宇和朱平芳（2010）以地级市为研究对象，利用面板分位数回归方法，分析各地方政府对环境政策执行的竞争和博弈，研究结果表明竞争效应表现在各个地级市的环境支出上；而基于不同分位点进行研究，环境支出的相互作用效应明显不同。张华（2016）通过建立衡量环境规制政策实施效应的地区博弈模型，研究发现在中国区域层面上地方政府间存在环境规制政策和策略的互动行为。

2. 环境规制对城镇经济发展的影响

环境规制对城镇经济发展的影响研究主要分为静态研究和动态研究两种视角。静态研究视角认为，环境规制的实施使企业的外部成本提高，同时企业要相应削减研究与开发（research and development，R&D）投入，加大环境污染治理投入，最终影响企业的技术、创新及盈利能力的提高（Stephens and Denison，1981；Gray，1987）。因此，从静态研究视角看，尽管环境规制遏制了污染物的排放，但是对经济发展不利。而以"波特假说"（Porter and Claas，1995）为代表的动态研究视角则表明，适度的环境管制能够促进技术进步，从而提高生产率，增强盈利能力。例如，张成等（2011）分析中国 30 个省区市的工业面板数据，得出全要素生产率（total factor productivity，TFP）与环境规制呈"U"形动

---

① OECD（Organization for Economic Co-operation and Development）表示经济合作与发展组织

态关系。也有学者通过实证分析认为两者关系表现为"N"形（王杰和刘斌，2014）。虽然两者关系的非线性特征明显，表现形式有差异，均能说明环境规制跨过一定的阈值，是有利于环境效益与经济效益共同提升的。

从上面环境规制对城镇经济发展的影响形式来看，环境规制影响城镇经济发展的主要渠道是通过影响企业行为。国外学者有大量的研究，一般的"传统研究"认为环境规制会给被规制主体带来直接成本，从而影响其竞争力。Jaffe 等（1995）研究发现环境规制会引发制造业企业间的"挤出效应"（crowding-out effect），即企业满足环境规制要求后，这一举措会挤占企业在其他方面的投资，最终阻碍到企业生产力的提高，从而他们认为环境规制会影响美国制造业的竞争力。此外，也有学者研究环境规制影响企业行为的传导机制，Buysse 和 Verbeke（2003）、Cabugueira（2004）认为环境规制所带来的压力会促使管理层将环境管理纳入企业的发展战略里面，从而帮助企业适应环境规制；此外，企业环境管理能力在很大程度上受管理者对环境规制重要性的感知力的影响（Berrone and Gomez-Mejia，2009）。Stone 等（2004）研究企业的财务状况与其所采取的环境行为之间的关系，认为经济绩效好的企业更愿意采取积极主动的环境行为。Pashigian（2010）研究发现静态分析环境规制不但降低了被规制企业的数量，而且环境规制带来的负担对小企业的影响要远超大企业；Hayami（2009）也有类似观点，认为规模大的企业更有能力履行改善环境的行为，更能采取有效的清洁生产工艺。Dean 和 Brown（1995）通过实证分析得到，环境规制政策会对一个新进入行业的企业产生壁垒，而被规制的现行企业则会从中受益。

国内学者对环境规制影响企业行为研究的成果也很丰富。张嫚（2010）研究认为，中国环境规制通过建立环境资源利用的付费机制，提高了企业利用环境资源的成本，进而影响企业的成本与盈利。马中东和陈莹（2010）则发现不同企业的不同的战略选择，也会对环境规制的约束产生不同的反应，进而影响企业的竞争力。傅京燕和李丽莎（2010）则认为环境规制能够激发企业活力，发现环境规制能够强迫企业调整商业模型，优化生产结构，进而帮助企业克服组织惰性。马海良等（2012）则认为环境规制通过设置绿色进入壁垒，提高市场集中度，导致产业结构发生改变，对企业绩效产生影响。张成和于同申（2012）则主要研究了环境规制对产业集中度的影响效应，结果发现适度加强环境规制的力度对促进企业节能减排有利，还能促进资源配置的优化和产业集中度的提升。

本小节从环境规制对城镇化发展的政策效应，以及环境规制对城镇经济发展的影响两个方面做综述。前者通过国内外研究的综述得出，环境规制对城镇化发展过程中的环境问题总体上起到了重要作用；而后者主要探讨了环境规制如何通过影响企业行为，进而传导影响整体的经济运行。从这两方面的综述可以看出，环境规制与城镇化发展的研究，要么就是探讨两者的关系，要么就是研究其中一个影响因素的传导过程，并没有将环境规制内化为城镇化发展的作用机理和衡量指标。本书将把环境规制内化为影响城镇化发展和碳排放的一个重要指标，并在碳减排策略中分析其对减排效果的作用。

2.2　碳排放的相关文献综述

关于碳排放研究的发展历程，本书已在 1.2.3 节的概念界定中有介绍。本节则主要就碳排放的研究方法及其影响因素研究做相关综述。

2.2.1　碳排放的研究方法

对碳排放的研究从方法上归纳，主要分为结构分解分析法（structural decomposition analysis，SDA）和指数分解分析法（index decomposition analysis，IDA）。SDA 是一种静态分析方法，此方法需要利用投入产出表中的数据在投入-产出模型的基础上对碳排放因素进行分析。SDA 的优势在于能够充分地反映经济系统各个部门间的内在联系，从整体上系统分析终端需求、中间环节投入及系统结构变动对碳排放的影响。但是 SDA 的劣势也较为明显，如由于各国投入产出表的发布间隔较长，数据难免存在滞后性，不能够客观反映某些因素的非线性变化对碳排放的影响。美国学者 Leontief 和 Ford（1972）是最早利用 SDA 对空气污染物排放的变动进行研究和分析的专家。Caster 和 Rose（1988）运用 SDA 对 1972～1982 年美国碳排放进行研究。Peters 等（2007）则是较早运用 SDA 的结构化解析方法，对中国碳排放和碳排放强度的变化展开研究的。Chang 等（2008）基于 SDA，研究了中国台湾地区三个历史时期碳排放的影响因素，得出中国台湾工业发展依赖于高强度能耗的结论，并给出改进能源强度和使用低碳基能源的应对措施。Brizga 等（2014）运用 SDA，研究 1995～2009 年欧洲波罗的海沿岸国家碳排放的驱动因素，并得出此地区碳排放增加主要由最终需求导致的结论。Butnar 和 Llop（2011）采用西班牙 2000～2005 年的投入产出表对其服务部门的碳排放状况进行分解分析，得出技术进步对碳排放具有抑制作用，并且能抵消因服务最终需求增长引起的碳排放量增加的结论。国内学者王磊（2014）建立"经济-能源"投入-产出模型，并充分考虑因中间环节因素的干扰导致的隐性碳排放，探索了合理的碳排放测算分析方法。Zhang（2009）应用 SDA 研究中国生产部门碳排放变化的原因，研究表明 1992～2002 年中国制造业的快速增长增加了碳排放，而2002～2005 年，碳利用密集部门的减少是碳排放量降低的主因，因此，优化供给结构和降低碳乘数效应有利于控制碳排放。Tian 等（2014）利用 SDA 着重研究社会经济因素对碳排放增长的贡献，本书以 1995～2007 年的北京为研究样本，研究发现最终消费和产业结构的变动是影响碳排放最显著的因素，此外，贸易和投资也是重要的影响因素；而降低能源强度是北京碳减排的唯一途径。

IDA 相比 SDA 所需数据量较少，在获取方法上易操作，比较容易进行时间序列和跨国比较。在大量学者对其进行了改进和完善之后，越来越多有关碳排放的实际研究应用了 IDA。Diakoulaki 等（2006）以希腊的能源发展作为研究对象，运用改进的 IDA，从时间序列分析主要能源部门及影响因素，然后评估影响希腊碳排放的因素。

Lise（2006）采用完整的 IDA 分析 1980～2003 年土耳其碳排放的主要影响因素，结果表明：对增加碳排放量贡献最大的是经济扩张（规模效应）；碳排放强度及与之相关联的经济成分的变化也会引起碳排放量增加，但增加速度较缓慢；而能源强度的下降则减少了碳排放量。此研究也是运用完整 IDA 的一次重要探索。Das 和 Paul（2014）采用 IDA 对影响印度家庭碳排放的因素进行分析，研究表明家庭活动、消费结构及家庭成员数是影响家庭碳排放增加的主要因素。国内也有学者如徐国泉等（2006）、魏一鸣等（2008）、宋德勇和卢忠宝（2009）、王锋等（2010）及陈诗一（2011）运用 IDA，对碳排放量、人均碳排放量和碳排放强度等的变化进行研究。

2.2.2　碳排放的影响因素研究

对碳排放的研究除了需要选择适当的分析工具以外，对碳排放的影响因素的研究也很有必要。影响碳排放的因素多种多样且复杂，本书通过对现有大量文献的梳理和分析，发现有关碳排放影响因素的研究也有大量的成果。结合本书的研究主题，关于碳排放实证研究的综述主要从碳排放与经济增长、碳排放与产业结构调整、碳排放与技术变化、碳排放与人口发展及碳排放与土地利用等方面展开。

1. 碳排放与经济增长的相关研究

人类的社会经济活动促使碳排放量不断增加，碳排放与经济增长有着极为密切的关系。关于两者关系的研究主要有两种衡量办法：一种是基于 EKC 模型，另一种则是运用脱钩理论。本小节从这两方面做专门综述。

许多学者采用 Grossman 和 Krueger（1991）提出的 EKC 模型来验证经济增长与环境污染之间的关系。但随着国际社会对全球变暖和生态环境问题的关注，经济学家开始借鉴 EKC 模型来分析碳排放与经济增长之间的关系，并验证两者是否存在 EKC 模型。另外，与二氧化硫、一氧化二氮、悬浮颗粒物等污染排放物相比，碳排放表现出更强的空间溢出效应，环境负外部性也表现得更为明显。Stern（2007）研究认为，温室气体排放是目前人类面临的最大市场失灵，又加上碳减排高成本、低回报的特性，各个国家的减排意愿并不积极，这些都造成碳排放与经济增长的关系和 CKC[①]假说不相符合。

　　在国外学者的实证研究成果中，国外学者通过对跨国截面数据的分析，表明碳排放与人均收入表现出了 CKC 曲线。究其原因，一方面在于 CKC 曲线上升部分的数据主要来自发展中国家，而下降部分的数据则主要来自发达国家；另一方面，这一研究需要遵循强假设的前提，即忽略掉不同发展水平的国家在历史发展、文化习惯和经济结构等方面存在的差异，并将处于不同经济发展阶段的国家的经济增长与碳排放的关系假定为同质的，进而简单地把倒"U"形曲线这一动态的发展现象归类为静态的国家间的区别。在这一强假设的前提下，国外学者推断出碳排放与人均收入之间存在 CKC 关系的结论，但这一结论的说服效力较弱。因此，碳排放与人均收入之间存在 CKC 关系这一结论，并不具有普适性，更不能运用到具体某个国家的政策建议的制定中。也有一些学者在实证过程中仅研究了人均收入对碳排放的影响，这一种处理办法有利于辨析和识别人均收入对碳排放的净影响，但是，Shafik 和 Bandyopadhyay（1992）研究发现，这种方法会严重低估或遗漏其他解释变量，如经济结构、环境政策、经济的外向度及能源结构等对碳排放的影响，并且会造成估计结果的不稳或存在偏差（Stern，1998）。

　　国内基于 EKC 模型的研究总结了国外实证研究的经验，在数据采集方面多采用面板数据或时间序列数据，同时将政策制度、经济结构等影响因素作为重要的解释变量纳入研究模型，由此实证研究得到的结论及政策建议，对低碳经济发展更具有现实意义。林伯强和蒋竺均（2009）、许广月和宋德勇（2010）、杜立民（2010）、李锴和齐绍洲（2011）利用省级面板数据，陶长琪和宋兴达（2010）利用时间序列数据，对影响中国碳排放的社会经济因素及 CKC 曲线进行了计量检验。郑长德和刘帅（2011）以中国省级区域作为研究对象，运用空间计量模型分析后发现，碳排放在空间分布上表现出一定的空间自相关性。冯相昭和邹骥（2008）利用修改后的 Kaya 恒等式[②]，对 1971～2005 年中国的碳排放进行了分解，结果表明经济增长和碳排放之间存在正相关关系。Li 等（2011）发现经济增长与碳排放之间存在倒"U"形曲线。武红等（2013）以中国化石能源消费碳排放和经济增长作为研究对象，实证研究得出高碳排放对经济增长有积极的

---

　　① Wagner（2008）将碳排放与人均收入间的倒"U"形关系称为碳库兹涅茨曲线（carbon Kuznets curve，CKC）

　　② Kaya 恒等式，是由日本学者茅阳一（Kaya Yoyichi）提出，主要用来分解低碳经济的内涵，公式可表达为：排放=人口×人均 GDP×单位 GDP 能耗量×单位能耗排放量

推动作用，而经济增长并不是碳排放增加的主要原因的结论。

因 CKC 假说对样本、数据及计量方法有较高的要求，并且这一方法多用于衡量碳排放与经济增长之间的长期变化关系。因此，一些学者试图运用脱钩理论分析碳排放与经济增长之间的关系。脱钩理论描述如下：若碳排放随经济增长而增加，即与 CKC 曲线上升部分相对应，表明两者之间存在耦合关系；若碳排放不随经济增长而增加甚至还会减少，即与 CKC 曲线下降部分相对应，表明经济增长与碳排放相脱钩。Vehmas 等（2003）利用环境压力、经济增长及单位 GDP 的环境压力等指标变化量判断脱钩程度，将其划分为强脱钩、弱脱钩、衰退性脱钩、强复钩、弱复钩和扩张性复钩。OECD（2002）利用环境压力与 GDP 比率的期末值和期初值之比计算脱钩指数，从而识别环境压力与经济增长的脱钩和未脱钩状态，但无法识别绝对脱钩、相对脱钩及衰退性脱钩。Tapio（2005）对芬兰城市交通与 GDP 的关系进行脱钩弹性分析，将脱钩细分为弱脱钩、强脱钩、弱负脱钩、强负脱钩、扩张负脱钩、扩张连接、衰退脱钩与衰退连接八种状态，既克服了 OECD（2002）由脱钩指数模型对基期选择的敏感性而可能产生的测度偏差，又弥补其不能识别弱脱钩与强脱钩的不足，还能在模型中引入中间变量对脱钩指数进行链式分解，进一步解释脱钩关系变动的因果逻辑，因而脱钩弹性分析在实证研究中得到了广泛应用。国内基于脱钩理论的实证研究，多运用 Tapio 研究的成果，并在其基础上展开。庄贵阳（2007）运用 Tapio 脱钩模型对包括中国在内的全球 20 个温室气体排放大国在不同时期的脱钩特征进行了分析。孙耀华和李忠民（2011）以 1999～2008 年中国各省级行政区域的碳排放与经济增长的关系为研究对象，运用 Tapio 脱钩模型对两者的脱钩关系进行了测度，并分解了因果链。现有的文献大多分析宏观层面碳排放与经济发展间的脱钩关系，而对产业层面脱钩关系的研究涉及较少，这一研究现状不利于产业脱钩政策的制定与低碳导向的产业结构优化。

2. 碳排放与产业结构调整的相关研究

产业发展往往伴随着能源的大量消耗和废物的产生，优化产业结构成为节能减排的重要路径。因此，产业结构常被作为影响碳排放的重要因素纳入研究中。

国内外学者对产业结构与碳排放关系的研究也得出大量成果。国外方面，Reitler 等（1987）、Kambara（1992）、Ang（1994）、Sahu 和 Narayanan（2010）的研究一致认为，整体经济运行过程中产业结构从能耗高的重工业向能耗低的轻工业转移，能耗强度也随之逐渐降低。Garbaccio 等（1999）基于中国投入产出表，研究在 1987～1992 年影响中国能源使用的因素，分析发现能源产出比降低的主要原因是部门内部的技术变化，而产业结构变化则实际上增加了能源使用量。Talukdar 和 Meisner（2001）选取了全球 44 个国家的面板数据，研究了第二

产业比重与碳排放的关系，结果显示两者呈正相关关系。Stefánski（2010）研究
了英国的产业结构与碳排放的关系，发现产业结构优化是碳减排的关键因素。

　　目前，在中国的产业结构中第二产业所占比重是最大的，然而，高能耗、高
排放的行业又在第二产业中占有很大的比重，这些行业的总能耗和总排放量也是
中国总能耗与总排放量的主要来源，因此，中国低碳经济的发展必须调整和优化
产业结构。肖慧敏（2011）研究发现，中国产业结构的演进和变化几乎决定了碳
排放的基本走向，以第二产业为主导的产业发展明显地增加了碳排放量，并加快
了增长速率，同时延缓了碳排放呈现倒 "U" 形的变化过程。其研究结论表明优
化产业结构，降低第二产业内部高能耗行业的占比，降低第二产业碳排放强度，
并推动第三产业的发展，是日后中国发展低碳经济需要努力的方向。王少鹏等
（2010）、Zhou 等（2013）研究发现在不同的国家和地区，人均累计碳排放量
所对应的工业化程度峰值是存在差异的，因此，产业结构的调整成为低碳经济发
展的重要方向，这也间接揭示出环境保护与产业结构间存在一定程度的相关关
系。Tian 等（2014）实证分析了中国几个典型区域的产业结构变化与碳排放的关
系，研究发现产业结构的调整和变化，导致碳排放量的剧烈变化；同时，以服务
业和建筑业等为代表的生产结构的变化，是区域内部碳排放量变化的重要原因。
谭飞燕和张雯（2011）通过多种模型的设定研究了省域层面碳排放的影响因素，
研究结果表明中国省域层面碳排放量的增加正是由于工业化进程的推动。然而，
对于碳排放与产业结构的关系研究，国内还有不同的观点，研究者认为尽管通过
调整产业结构可以实现资源的更优配置，从而降低能耗、减少碳排放量，这在许
多国家的发展进程中已经得以证明，但产业结构的升级调整是否能够有效地促进
碳减排，并且能够在多大程度上影响碳减排，对此一些学者仍旧存有异议。由
此，许多学者在此基础上进行了实证研究。Huang（1993）采用迪氏指数分解法
探讨能源强度效应及结构效应对中国 1980～1988 年私营工业能源强度的影响，
结果表明能源强度效应影响最大，结构效应影响较小。Liu 等（2007）运用
LMDI（log mean Divisia index，对数均值迪式指数）分解法对中国 1998～2005
年 36 个工业部门碳排放的影响因素进行分析，结果表明产业结构变化对碳排放
的影响不确定。吴巧生和成金华（2006）借用 Laspeyres 指数分解模型分解和分
析中国能耗强度，并研究其影响因素，研究发现中国能耗强度下降的主要原因是
各个行业能源使用效率的提高，能耗的变化受产业结构的影响很小，除了少数年
份，产业结构与能耗强度呈负相关关系。

　　3. 碳排放与技术变化的相关研究

　　Wall（2001）从社会经济维度将技术变化分为两个层次：广义上是指技术变
化在增长过程中的作用，涵盖了能够推动经济效率提高的所有因素；狭义上是指

技术本身的变化，以及与生产工艺相关的有用知识及研究、发明和创新等活动（魏楚，2011）。在对技术进步与碳排放关系的实证研究中，学者多采用狭义上的技术变化。

Ang（2009）应用环境理论和现代内生增长模型，以人类经济活动产生的碳排放作为研究对象，对 1953～2006 年影响碳排放的因素，如研究能力、技术转移水平和技术转化能力进行分析，结果表明，碳排放与三个因素呈显著的负相关关系。Stretesky 和 Lynch（2009）将影响碳排放的因素概括为技术因素、结构因素和规模因素，并得出研究结论，即技术因素与碳排放量呈负相关关系，这说明只有加快推进科技发展和进步，才能抵消另外两个因素对碳排放量增长带来的正效应。Wang 等（2005）研究了 1975～2000 年中国的碳排放数据，并运用 LMDI 模型进行分析后发现，技术进步能减少碳排放，而经济增长则促使碳排放的增加，方恺等（2013）也有相似的观点。Wang 等（2013）以广东为例，通过扩展的 STIRPAT 模型，分析碳排放与经济增长、第二产业结构、服务业比例、对外贸易额、能源结构、技术进步等社会经济因素的相关关系，发现碳排放与技术进步呈负相关关系。四十多年改革开放使我国经济保持快速增长，技术水平则相对滞后，这一现状使人均能源足迹总体呈较快的增长趋势。Siddiqi（2000）、徐国泉等（2006）、田立新和张蓓蓓（2011）与霍金炜等（2012）也发现经济发展和科技进步是影响碳排放最重要的因素，并且低碳技术主导了碳排放强度下降阶段向碳排放量下降阶段的转变（陈劭锋，2009）。

从前面综述所得，大多数研究认为技术进步提高了能源使用效率，进而减少了能源需求量和温室气体的排放；但也有研究认为技术进步在很大程度上能够促进碳排放增长，刺激新需求增加能源利用，进而影响碳减排。Guo 和 Jiang（2011）运用 IPAT 恒等式[①]分析方法，研究碳排放与经济规模、人口、收入和技术的关系，回归结果表明经济规模、人口和收入与碳排放呈正相关关系，技术与碳排放的关系则需要分阶段解释：在初期，技术与碳排放呈显著的正相关关系；而到了后期，技术与碳排放则呈负相关关系。李廉水和周勇（2006）运用中国 35 个工业行业的面板数据，用非参数的 DEA-Malmquist 生产率方法，分解广义技术进步并估算其对能源利用效率的影响，研究表明：技术进步对提高工业部门能源利用效率的贡献不太明显；但随着技术的进一步应用，科技进步的作用逐渐增强。

---

① 循环经济学领域多采用 IPAT 恒等式解释社会发展对环境的影响，IPAT 恒等式表达为：I（environmental impact，环境影响或压力）=P（population，人口）×A（affluence，经济发展水平）×T（technology，支持富裕水平的特定技术），将环境影响视为人口数、经济发展水平和技术的函数

4. 碳排放与人口发展的相关研究

由于人口数量的持续增加，人们生活水平的不断提升，以及人口结构的变动，人口发展对碳排放也产生一定的影响。

Knapp 和 Mookeriee（1996）研究全球人口变动与碳排放的关系表明，从长期看，全球人口与碳排放并不存在因果关系，但是人口增长是影响碳排放的重要因素之一。Birdsall（1992）也对碳排放与人口总量的关系进行了研究，研究结果表明温室气体的增加是由人口增长导致的，并得出全球人口数量增加是碳排放量增加的重要原因的结论。人口老龄化已成为当前社会面临的一个普遍现象，在这一背景下，Dalton 等（2008）采用人口、环境和技术（population-environment-technology，PET）模型对美国人口老龄化和碳排放的关系进行了探讨，研究发现美国人口的老龄化抑制了碳排放的增长。Puliafito 等（2008）利用 Lotka-Volterra模型分别讨论了人口、GDP 和能源消费对碳排放的影响，研究结果表明人口结构在一定程度上影响碳排放，而人口规模的增长是驱动碳排放量增加的最主要的力量。

国内也有学者对人口因素与碳排放的关系进行过探讨。张小平和王龙飞（2014）采用岭回归法对碳排放的影响因素进行分析，结果显示，人口数量对碳排放的影响作用较大，人口数量每增加 1.0% 个单位，碳排放量相应地将增加4.7%个单位。也有学者比较城市和乡村这两种经济空间的人口因素对碳排放的不同影响，研究发现中国城市和乡村地区的人口因素对碳排放存在相反的作用力，城市地区的人口因素促进碳排放量的增加，乡村地区的人口因素对碳排放量起抑制作用（Zha et al.，2010）。同时，人口结构对碳排放产生不一样的作用，年龄在 15～64 岁的人口对碳排放有重要影响；人口对碳排放影响的重要性仅次于人均 GDP（魏一鸣等，2008）。

5. 碳排放与土地利用的相关研究

土地是影响陆地生态循环系统的重要因子，既是碳源又是碳汇。土地利用变化改变了地球原有的土地覆被，成为陆地生态循环系统最直接的人为驱动因素之一（Lambin et al.，2001）。有研究甚至认为土地利用的变化增加了大气中的碳含量，其对大气中 CO_2 浓度增加的贡献仅次于人类生产生活对化石能耗的贡献（Watson et al.，2000）。因此，许多研究围绕土地利用变化对土地覆盖、土壤水分、地表辐射等自然方面的影响展开，得出了许多研究成果（马晓哲和王铮，2015）。城镇为人类活动对地表影响最深刻的区域，有研究表明碳排放量的 80%来自城镇区域（Churkina，2008）。土地为城镇工业生产规模扩大、居民生活水平提升及公共设施完善等提供了空间支持，城镇化的发展离不开土地的供给和土地利用的扩张。结合本书的研究主题，本小节从城镇土地利用变化对碳排放的影响做综述，分别从土地利用方式与结构对碳排放的影响，产业用地安排对碳排放的影响，以及土地利用对城镇居民生活碳排放的影响三个方面展开。

（1）土地利用方式与结构对碳排放的影响相关研究。国外方面，Svirejeva-Hopkins 和 Schellnhuber（2006）将城市土地利用分为绿地、贫民区和建成区面积等三个部分，对其碳动态过程进行了模拟，模拟系统包括生产碳、分解碳、土地利用变化带来碳、输出碳等，对城市土地利用变化对碳通量的变化的影响进行分析模拟，但是这项研究没有将城市的工业生产活动和居民的生活消费活动纳入。Churkina（2008）认为，构建城市系统碳循环及其影响的综合评价模型，既要考虑生物和物理特性，还要考虑城市系统的人文因素，从自然和人文两个角度来构建城市碳通量的估算模型。Owens（1995）研究认为需将城市的交通发展、土地利用规划与气候的变化三者结合起来，制定新的城市发展政策。Lal（2002）研究发现科学合理的土地利用方式和有效的管理能够起到固碳的作用，因此，城市土地的合理利用对城市碳排放的减少有重要作用。

国内方面，蓝家程等（2012）对 1997～2009 年重庆市土地利用方式的变化对碳排放和能源足迹的影响进行分析与核算，并对不同土地利用方式的碳排放效益、影响因素及能源消费足迹变化进行分析。彭欢（2010）认为土地利用的低碳要求需要兼顾"低碳"和"效益"，除了考虑经济价值和社会价值，还需要着重考虑生态价值，以最少的资源消耗和最低的环境成本，推动社会和经济的发展。汪友结（2011）将城市土地低碳利用方式分为狭义和广义两个方面，狭义上的土地低碳利用方式是在不影响城市社会经济发展的前提下，最大限度地降低土地利用碳排放；而广义上的土地低碳利用方式则指城市的土地利用方式是以低碳城市的建设为目标的，城市土地利用要尽可能减少碳排放，还要兼顾到经济、社会和生态的发展与效益。黎孔清等（2013）也有类似的表述。汪友结（2011）和黎孔清等（2013）都从实证角度对城市内部不同的土地利用方式对碳排放的影响进行测度，并得出减少碳排放需要综合利用城市建设用地和优化土地利用结构，以达到增汇减排效果的结论。廖俊豪（2010）和戴诰芬（2010）对中国台湾台北的都市区和嘉义市的土地利用进行测量与分析，发现其对能耗和碳排放都有影响。周军辉（2011）则以长沙市的农用地和建设用地为研究对象，检验分析了土地利用变化与碳排放和碳收支之间的关系。王桂新和武俊奎（2012）则以我国 200 多个地级市为研究样本，运用面板数据测算出了地级市层面的城市空间效率，得出城市规模和结构与碳排放之间的联系。

（2）产业用地安排对碳排放的影响相关研究。前面研究表明城市的土地利用方式与结构对碳排放产生重要影响，产业用地安排对碳排放也有影响。单福征等（2011）从时间序列上定量分析了上海张江高科技园区的土地利用数据，总结出土地利用变化及空间布局特征，进一步得出产业园区的土地利用与碳排放的关系。赵荣钦等（2010）则直接以产业空间作为研究对象，分析了中国产业空间的碳排放强度，并得出生活及工商业空间与交通产业空间的碳排放强度高的结论。金三林（2010）的研究逻辑为，城市产业用地的配置和安排能决定城市的碳排放量，因为产业用地的配置直接导致产业结构的调整，不同产业对能源的消耗差异较大，所以要最大限度地减少城市碳排放，需要科学、合理地安排城市产业用地。

（3）土地利用对城镇居民生活碳排放的影响，主要从土地利用紧凑度、土地利用混合度及交通可达性等方面展开。关于国外的相关研究，Zahabi 等（2012）以加拿大的蒙特利尔为研究样本，发现土地利用混合度、公共交通的密度与交通可达性及人口密度对居民的生活碳排放起到负向作用。Frank 等（2000）研究西雅图市的交通碳排放发现，产业布局、工作路径和就业密度与交通碳排放的联系最为密切，而这些都与城市的土地利用紧凑度相关。Kenworthy（2003）研究发现土地利用混合度、工作岗位的集中度和密度、城市土地利用边界等指标对城市居民的交通通勤影响巨大，这在很大程度上影响了居民生活碳排放。Waygood 等（2014）则研究对比了日本大阪城市化程度高的地区的家庭的碳排放与卫星城、郊区家庭的碳排放，发现前者的生活碳排放要远低于后者，这说明土地利用紧凑度在很大程度上影响了居民生活碳排放。关于国内相关研究，柴彦威等（2012）研究发现，城市内部社区尺度的土地利用混合度、各类设施的交通可达性等与居民的日常出行关系紧密，这间接影响了居民生活碳排放。黄晓燕等（2014）对广州的土地利用多样性进行研究，发现土地利用多样性的增加能够减少私家车的出行频率，同时大大地减少居民的通勤时间，这在很大程度上能够减少居民生活碳排放。郭韬（2013）认为城市土地利用方式从居民能源利用、交通选择和住宅选择等方面影响居民生活碳排放量，并得出高密度混合利用型的土地利用方式能最大限度减少城市居民生活碳排放的结论。

2.3 城镇化与碳排放的作用关系研究综述

2.3.1 城镇化对碳排放的作用研究

城镇化进程中，人口由乡村向城镇转移，经济方式和生活方式发生了转变，这意味着能源利用和消费也发生了巨大的改变，进而影响到碳排放。因此，本小节就城镇化发展对碳排放量增加的影响是促进还是抑制，以及城镇化发展对碳排放的作用展开综述。

1. 城镇化发展究竟是促进还是抑制碳排放量增加?

国外学者对城镇化发展与碳排放关系的研究成果如下: Jones(1991)、Cole 和 Neumayer(2004)、Holtedahl 和 Joutz(2004)、York(2007)研究发现,城镇化的发展将导致能源消费增加,产生更多碳排放。Sadorsky(2014)、Poumanyvong 和 Kaneko(2010)以中国作为研究样本发现,中国的城镇化是其碳排放量增加的重要原因,且这一影响将长期而显著存在。

然而,也有研究者认为城镇化发展会抑制碳排放量的增加。一些学者认为随着城镇化的发展,公共建设密度增强,公共基础设施的效率得以提高,能源消费减少,进而减少了碳排放(Chen et al.,2008;Liddle,2004)。还有学者认为两者的关系会有国别的不同,甚至同一国家在不同的发展阶段,其两者关系也会有不同。Poumanyvong 和 Kaneko(2010)研究发现城镇化对能源消费的影响在经济发展水平不同的地区有所不同。Liu(2009)发现城镇化与碳排放量呈正相关关系,但城镇化对碳排放量的影响程度逐渐递减,他将这一特征归因于产业结构的优化和技术水平的提升,以及高效的能源利用水平。Newman 和 Kenworthy(1989)、Kenworthy 和 Laube(1996)及 Ewing 和 Rong(2008)研究认为,随着城镇化的发展,城镇化与碳排放日益呈现负相关关系。Larivière 和 Lafrance(1999)发现,加拿大城镇化水平越高的区域,人均能源消费量越低,碳排放量越少。Pachauri 和 Jiang(2008)根据经验数据和在中国与印度两国分别做的居民问卷,分析比较了中国和印度居民能耗与由此引起的碳排放,发现这两个发展中人口大国的居民能源消费量的 85%依赖于低效固体燃料,这导致农村居民的能源消费总量超过了城镇居民,农村的人均碳排放量甚至高于城镇。

国内关于城镇化发展与碳排放的关系研究,在实证方面有许多成果。一种观点认为城镇化发展与碳排放之间存在长期均衡关系,如 Wang 等(2016)通过对城镇化与碳排放相关的面板数据的分析,发现两者存在均衡的协整关系,城镇化发展会带来碳排放量的增加。关海玲等(2013)也有相似的研究结论。Sheng 和 Guo(2016)认为中国城镇化的快速发展进程是促进碳排放量增加的重要原因,同时城镇化发展对碳排放的影响效应将长期存在。朱勤和魏涛远(2013)从城镇化对碳排放产生驱动作用的角度,研究发现伴随着城镇化发展,投资与出口快速增长,会进一步拉动高碳经济成分的增加,对碳排放驱动作用明显。

但是,也有学者坚持另一种的观点,他们的研究认为两者关系并非呈现显著的正相关关系。一方面城镇化与碳排放的线性均衡关系会受到相关因素的制约,如 Cao 等(2016)研究表明,随着工业生产总值占 GDP 比重的增加,城镇化与碳排放的相关系数呈现先增后减的变动特征。孙昌龙等(2013)测度了城市化与碳排放的关系,发现在不同的城市化阶段,二者之间的关系有所差别。另一方面更多的研究认为两者的关系满足 EKC 模型。王芳和周兴（2012）以美国、中国、日本和英国等九个国家为研究样本，对九个国家城镇化与碳排放的面板数据进行分析，结果表明人口城镇化与碳排放之间呈现显著的倒"U"形关系，即城镇化在发展的早期阶段会促进碳排放量的增加，而随着城镇化进一步发展，碳排放量则会不断减少。胡建辉和蒋选（2015）运用 STIRPAT 模型检验了城镇化对碳排放的影响，结果显示中国城镇化发展满足 EKC 模型。更有学者得出城镇化能够抑制碳排放增长的结论。卢祖丹（2011）研究发现城镇化对碳减排的影响有区域差异，这一减排效应差异在中西部地区表现最为明显，而从整体上看，城镇化有利于中国实现碳减排。陈迅和吴兵（2014）利用向量自回归模型检验了中国和美国的城镇化与碳排放的因果联系，发现城镇化能有效降低碳排放水平。

2. 城镇化发展对碳排放的作用

城镇化发展对碳排放的作用研究在宏观层面上主要有以下两方面：第一，城镇化的发展阶段和发展水平。Madlener 和 Sunak（2011）认为城镇各个经济部门的发展水平及其所在国家的发展水平对能耗和碳排放产生影响，他对比 1950～1996 年，中国与美国城镇化发展对碳排放的影响，结果表明，中国碳排放总量的增加值是美国同期的 30 多倍，而同期，西欧大部分国家仅略有增加（Siddiqi，2000）。Hossain（2011）研究发现对于新兴的工业化国家，城镇化对碳排放量增加呈现出显著的正向影响。孙昌龙等（2013）使用 STIRPAT 模型评估不同发展阶段的城镇化对碳排放的影响，研究结果表明，在城镇化发展初期和中期阶段，城镇化对碳排放增长的贡献是不断增大的；而到了后期阶段，随着城镇化水平的提高，城镇化对碳排放增长的贡献有所减少。Dong 和 Yuan（2011）以中国为研究样本，发现城市化水平对碳排放改变的贡献率大约为 18%，且城市化进程对温室气体的排放呈倒"U"形影响。第二，城镇化发展对碳排放影响的区域差异。不同地区的城镇化进程存在空间异质性、相关性和外溢性，因此，对碳排放的影响也存在差异。Al-mulali 等（2012）通过对 1980～2008 年全球七个不同地区的城镇化与碳排放间的关系进行研究，结果表明：低收入国家城镇化对碳排放有消极影响，而中等收入和高收入国家则相反。Zhang 和 Lin（2012）研究发现中国中部地区城镇化发展对碳排放的影响相比东部地区要大。肖宏伟和易丹辉（2014）利用时空地理加权回归模型分区域研究中国城镇化发展对碳排放的影响，研究发现城镇化率较高且以发展第三产业为主的东部地区，其城镇化发展与碳排放呈负向作用关系；而以工业为主导产业的中西部地区，其城镇化水平的提高则促进了碳排放量的增加。

城镇化发展对碳排放的作用研究在微观层面上主要表现在以下几方面：一是城镇人口规模与密度。Zha 等（2010）研究认为无论在城镇还是在农村，人口的增长都会导致碳排放量的增加，然而也有学者研究发现城镇人口与碳排放强度存在 EKC 模型，即随着城镇人口规模的增加，碳排放强度会随之增强，但随着人口城镇化的推进，碳排放强度会逐渐变弱（Li et al.，2013；Shafiei and Salim，2014）。二是城镇化进程中的经济发展水平，主要体现在 GDP 或人均 GDP 方面。Dong 和 Yuan（2011）认为碳排放量会随着城镇 GDP 的增长而增加，并且单位 GDP 的贡献率为 1.53%。但是，Aunan 和 Wang（2014）研究分析得出：一个国家的人均 GDP 和第三产业比重，对城镇化过程中的碳减排有利。三是城镇化通过提升技术水平减少碳排放。本书在 2.1.3 小节中已对城镇化促进技术发展的相关研究做了综述，技术进步是促进能源使用效率提高和能源强度降低的主要原因（Stern，2010）。关于技术因素如何促进碳减排，有学者用能源使用效率衡量，（Martínez-Zarzoso and Maruotti，2011；Chikaraishi et al.，2015），也有学者使用能源强度研究，其得出的结论为：城镇化对碳排放的影响随着能源强度的降低而变大（徐安，2011）。四是城镇化进程中产业结构的调整和升级对碳排放产生影响。前面已有论述，城镇化的过程也是产业结构转型的过程，与此同时产业结构的优化升级也促进城镇化的发展。Chikaraishi 等（2015）提出，当一国第三产业在 GDP 中的占比足够大时，城镇化发展对环境质量的提升是有益的。Lin 和 Ouyang（2014）从相反的角度论证，研究认为之所以在城镇化过程中中国碳排放量增加，是因为在这一过程中伴随的工业化发展与基础设施建设，因此，调整产业结构成为降低碳排放的重要举措。

2.3.2 碳排放对城镇化的作用研究

碳排放是衡量区域生态环境污染的重要代理变量，即一个区域内的碳排放量越多，其环境质量越恶劣。研究碳排放对城镇化的影响，角度也会集中在碳排放对城镇化发展的约束作用上。从已有的研究来看，研究者更多将碳排放纳入城镇生态环境恶化这一大的情景里，进而研究其对城镇化发展的影响，单一的研究不多。因此，本小节从城镇生态环境恶化对城镇化发展的约束视角对以往的研究做简单综述。

城镇化的发展水平是一个国家或地区经济发展的重要标志，在其发展过程中城镇化区域外延得以扩展和内部用地结构也得以重组，其发展推进了社会经济的进步。但在这一发展进程中，城市发展也面临着一系列的生态环境问题，这些问题都使城市抗风险能力变得脆弱、城市安全受到威胁，反过来又制约了城市的发展。Stokey（1998）则从资本积累角度论证了碳减排经济效应，研究结论表明，在智力资本的积累速度低于有形资本的积累速度的情形下，污染控制将会降低长期的经济增长率，进而影响城镇化的发展。Prinz 和 Singh（2000）甚至认为城市化是一种危害人类生存环境和健康的发展形式，城市的扩张、工业的增长及其人口的增加，都给环境带来巨大的危害，城市发展到一定的阶段后会受到制约。Cocklin 和 Keen（2000）研究了城镇化对资源和环境的冲击，认为如果人类继续忽略城镇化对资源环境造成的损害，这将会威胁到人类的生存安全。

前文已有论述，城镇化发展对国民经济健康运行起到重要的支撑作用，但在发展过程中面临着日益严重的生态环境与资源的压力（Bai et al.，2014；方创琳等，2016）。黄金川和方创琳（2003）研究发现城镇化与生态环境存在着相互制约机制，城镇化进程中人口和交通的集中导致污染排放的增加，从而影响生态环境，而生态环境主要通过改变人口和资本的流向而对城镇化进程产生影响。郭郡郡等（2013）建立了城镇化和生态环境的胁迫与约束机制，研究分析认为城镇化可能通过提高消费强度而对生态环境造成压力，而通过提高城市密度和紧凑度，节约使用居住和交通能源而促进生态环境的改善。在耦合时序上，城镇化与生态环境通常不表现出重叠，当城镇化发展超出生态环境的承载能力时，则生态环境将会不断恶化，进而阻碍城镇化的发展。碳排放对城镇化的约束作用主要体现在，碳排放制约城镇化推进速度，碳排放降低城镇的环境质量，碳排放降低城镇的竞争力等（黄金川和方创琳，2004）。叶祖达（2009）从城市规划的角度研究发现，在生态城市理念的指导下，碳排放已成为城市规划的限制因素。

2.4　碳减排的相关文献综述

为了实现碳减排，各个国家相继出台了一系列碳减排政策。学术界围绕着碳减排政策，不断涌现出相关研究成果，碳减排的相关研究不断得到丰富和完善。国外社会发展领先于我们，遇到问题较早，研究起步也早，并得出许多丰富的成果。但随着国内对低碳发展的重视及低碳经济的迅速发展，国内的学者也进行了深入研究。本节总结现有成果，主要从碳减排研究方法和碳减排相关手段研究两个方面展开有关碳减排的研究综述。

2.4.1　碳减排研究方法

碳减排是中国在城镇化发展阶段完成低碳转型必要的发展策略，在复杂的社会经济系统中，这一策略的实施需要深入阐释碳排放与碳减排对社会发展和经济增长的内在影响机制。国内外学者运用一系列研究方法对此进行了探索，本书归纳发现他们大多采用宏观经济模型这一分析工具展开研究，本小节从最优增长模型（optimal growth model，OGM）、综合评价模型（integrated assessment model，IAM）、可计算一般均衡（computable general equilibrium，CGE）模型三个方面做综述。

　　OGM 是通过对 R-C-K（Ramsey-Cass-Koopmans）增长模型做出改进，再将碳排放作为影响增长的变量引入生产函数或效用函数中而建立的模型，然后借助微观分析工具得出最优行为，从而解释碳排放对最优增长路径的内在影响机制。基于 OGM 研究碳减排衍生出了世代交替模型和无限期界模型两个典型代表，这两个模型动态分析了在碳排放的约束效应下，增长路径如何实现最优化，但这两种模型都将可持续性的增长寄于无法解释来源的外生的技术进步，这也就无法揭示技术进步推动可持续增长的内在机制。基于世代交替模型的研究者，Ansuategi 和 Escapa（2002）研究碳排放的滞后影响及代际溢出效应，认为社会发展不能忽略碳排放的跨期影响和代际传递，因此，社会发展治理需要设立平衡代际支出和社会可持续增长的有效的社会制度。Fankhauser 和 Tol（2005）则运用无限期界模型，将碳排放导致的气温变化作为变量引入模型，研究其对社会资本和社会储蓄的影响，进而证明了碳排放和碳减排对经济增长与社会发展的长期影响。

　　IAM 主要用于研究碳排放对全球经济系统的影响，这一模型考虑人类活动、大气构成、生态系统、能源系统和经济系统等偏宏观的因素。目前具有代表性的 IAM 有：德国汉堡大学的 FUND（climate framework for uncertainty negotiation and distribution，不确定性谈判和分配的气候框架）模型、美国斯坦福大学的 MERGE（model for evaluating regional and global effects of GHG reductions，区域与全球温室气体减排效果评估模型）、美国耶鲁大学的 DICE（dynamic integrated model of climate and the economy，气候与经济的动态、综合模型）和 RICE（regional integrated model of climate and the economy，气候与经济的区域一体化模型）及《斯特恩报告》中的 PAGE（policy analysis of the greenhouses effect，温室效应的政策分析）模型等（Stern，2006），这些 IAM 主要对全球或区域能源、气候和经济之间的相互影响进行综合评价。

　　CGE 模型一般多用于描述 IAM 的一个子系统，目前一些国家、地区和国际性组织已经有自己的一套 CGE 模型，如美国能源部自主开发的 G-Cubed 模型、日本国立环境研究所开发的CGE模型。CGE模型的优缺点十分明显，其优势在于 CGE 模型以一般均衡理论为基础，以理性经济行为作为假设前提，在比较静态框架下模拟碳减排政策对经济系统的影响，因为能较好地揭示宏观变量与微观变量之间的关系及它们的内在运行机制，从而被广泛应用于模拟和评价公共减排政策的影响与后果。而其劣势在于 CGE 模型采用自上而下基于总量分析的建模方法，不能够反映不同部门的技术细节，且对技术进步的衡量采用的也是外生变量；行为主体的选择、规则的评定及参数的设定等对模拟结果影响较大。此外，这些不确定性的问题的处理方式也会影响结果。CGE 模型未来发展既需要解决内生性的技术问题，也需要克服不确定性问题，同时在动态化框架下模拟也是重要的发展方向。

2.4.2　碳减排相关手段研究

碳减排的相关政策制定和实施是国际与国内发展的热点问题，相关学者也进行了大量广泛且深入的探讨和研究，总结出碳减排手段主要有碳税控制、能源价格管制、能源补贴等几种，本小节围绕这几种减排手段做综述。

1. 碳税控制是最为直接和有效的碳减排政策工具

早在 20 世纪 90 年代初，OECD 的一些国家就进行了广泛的环境税改革实践，以解决日趋严重的环境与经济发展之间的冲突问题，并取得了积极的成效。Pearce（1991）是最早对碳税与经济发展关系进行研究和论述的专家，他认为碳税具有"双重红利"，能够实现碳减排和经济增长的双重愿景。Floros 和 Vlachou（2005）则以希腊的能源业和制造业为研究对象，实证研究了碳税的影响效应，得出碳税的实施能够有效地减少碳排放的结论。David 等（2011）建立了基于古诺寡占模型市场背景下的碳税影响效应模型，主要分析碳税对碳排放和社会福利的影响，研究发现征收高的碳税极大地增加了减排需求，并使减排者的产量减少，整个社会总的减排量升高。但也有学者对碳税控制手段有相反的看法。Goulder（1995）研究认为在现实情况下将碳税引入扭曲的税收体系会带来许多负效应，这些负效应还会抵消碳税所带来的返还效用。Lin 和 Li（2011）选取了北欧五个国家为研究样本，然后运用模拟和倍差法对碳税的影响效应进行综合预估，研究表明碳税对各个国家的减排影响为负，但是在不同的国家其影响的显著性不同，Bjertnæs（2011）认为这一差异产生的原因是受到各国不同税制的影响。

国内学者把碳税控制作为宏观调控的重要手段，论证其对减排和增长模式转型的作用。国家发展和改革委员会（简称国家发改委）和财政部相关部门牵头，做了"中国碳税税制框架设计"①的专题研究，充分论证了中国征收碳税的可行性和必要性。高颖和李善同（2009）运用 CGE 模型比较多种碳税政策的征收和返还方式对社会经济、能源、福利等方面产生的影响，研究认为碳税的正向作用需要以税收返还的顺利执行为前提。曹静（2009）通过比较分析认为碳税政策适合当前中国的发展需要，更是解决经济发展与碳减排约束之间冲突的有效手段

---

① 李彤. 2010. 中国征碳税能否规避他国对我征收碳关税？[OB/OL]. http://energy.people.com.cn/GB/1158-2534.html[2010-05-13]

（龚利等，2010）。李伯涛（2012）研究认为碳税政策既有优势也有劣势，关键在于如何合理地设计政策工具。

2. 能源价格管制是最为直接的减排手段

国外对能源价格影响效应的研究最早可见 Mountain（1986）运用新古典经济模型估算能源定价对能源强度的影响的研究，研究结果表明提高能源价格能显著抑制能源强度的提高。Popp（2002）运用实证研究方法分析了 1970～1994 年美国能源价格对能源利用效率的作用，研究表明前者对后者起到了推动作用，这也间接证明了能源价格对碳减排的作用。Adeyemi 和 Hunt（2007）以 1962～2003 年 OECD 15 个成员国的发展的相关面板数据作为研究样本，分析了能源价格对能源效率提升的非对称影响效应。Linn（2008）从企业层面上研究美国能源使用量、能源使用技术和能源价格的关系，搜集 1967～1977 年美国企业相关数据开展实证研究，结果证明能源价格的制定能显著地影响企业的能源使用技术。

国内对能源价格影响碳减排的研究分为直接影响和间接影响两个方面。对直接影响的研究有：张卓元（2005）认为我国能源生产要素价格长期受国家管制的体制，导致价格扭曲，这在一定程度上导致增长方式难以转变。Chai 等（2009）利用 1999～2005 年的能源价格数据，研究中国各种能源价格之间的绝对扭曲度、结构扭曲度及其对能源强度的影响效应，结果表明，优化能源商品间的比价相对单种能源价格与国际接轨对能源强度的影响更为明显。在间接影响的研究方面，刘畅和崔艳红（2008）建立误差修正模型研究能源强度与能源价格间的关系，研究结果表明，能源价格的上升会提高生产成本，会促使企业更新设备和增加研发投入来提高能源利用效率，减少能源需求；从需求侧来看，能源价格通过影响产出水平对能源强度发生作用，提高能源价格会促进产品最终需求结构的有效转换。胡宗义等（2008）采用 CGE 模型，比较分析能源价格的提高对能源强度与宏观经济的影响效应，研究得出能源价格的提高降低了重工业比重，这显著降低了能源强度，但是，会对当前宏观经济产生较大的负面影响。

3. 国内外许多关于能源补贴对碳减排的有效性研究与评价的成果

国外方面，Verbruggen 和 Lauber（2009）分析比较了强制上网和绿色证书政策的优劣势，同时认为需要逐步提升可再生能源在消费中的比例。Hutchinson 等（2010）研究认为能源生产补贴可以转变清洁能源的生产结构，但同时这一转变会受到消费影响的抵消，这是因为能源补贴导致均衡价格下降，而价格下降又会通过供需导致能耗的增加，这可以使碳排放产生反常规效应，并且该文章的作者指出如果低碳能源并不比高碳能源明显清洁，总的碳排放将增加。

国内方面，林伯强等（2009）采用价差法估算了中国居民用电交叉补贴的规模，并通过估计不同收入群体的补贴量，分析了目前用电交叉补贴机制的效率。结果表明，如果将减少的用电交叉补贴用于清洁能源电力的发展，将会降低居民的消费差距，提高居民用电的公平和效率。李虹（2011）对化石能源补贴的内涵与分类进行了论述，系统梳理了能源补贴的主要方法，并对方法进行了述评；通过实证分析表明，化石能源补贴与碳减排成反比。Lin 和 Jiang（2011）采用 CGE 模型分析了中国能源补贴的影响，研究表明，能源补贴的减少会导致能源需求量的减少，进而碳排放量也会减少；而取消补贴，碳排放量会减少，并对宏观经济产生消极影响。Gong 和 Tian（2011）针对能源项目补贴的适宜力度如何确定、应该怎样实施补贴策略问题，利用期权博弈理论构建了政府补贴项目投资商模型；探讨了在政府财政补贴的背景下，双寡头投资商的最优进入与退出投资策略；在此基础上给出了政府补贴策略和基于发电成本变动的政府补贴策略，为政府制定能源项目补贴策略提供了一种分析途径。

2.5　理　论　基　础

2.5.1　城市经济理论

前文通过对相关概念的厘清和已有研究的综述发现，城市是一个包含人类各种活动的复杂有机体，作为人类高度密集的居住地，城市的经济活动也有着明显的标志：一是在城市中生活的居民大多依赖工商业生活，非农产业的经济活动在城市经济中占重要地位；二是城市居民多样化的需求依靠市场活动满足，市场交易成为城市经济运行的基本途径。

随着工业化的不断发展和推进，城市化在世界范围内得以飞速发展，城市发展也面临诸多的问题和挑战，这也直接推动了城市经济学的形成与发展。城市经济学作为一门独立的学科，是以美国经济学家威尔帕·汤普森的《城市经济学导言》一书的出版为标志的。毋庸置疑，城市经济学的研究对象是城市，但是它是从经济学的角度对城市的空间结构及运行规律进行分析的，并研究理想的公共政策，从而对微观或者宏观的城市问题给予相应的解决。具体来说，微观的城市问题主要包括家庭、企业的选址，或者城市中的住房市场、土地市场、劳动力市场、交通系统等某个领域的经济活动；而宏观的城市问题主要包括城市的经济增长、城市的规模和城市化的速度等。

依据城市经济学的研究对象，本书可以将城市中所涉及的经济关系做出相应的归纳：一是在城市内部，各个经济主体，如企业、家庭和政府等通过市场而联结成的区域内部的交换关系，以土地市场和住宅市场为核心；二是在城市之间，城市内的经济主体与城市外的经济主体联结成的区域间的市场交换关系，主要包括物品与劳务的输入或输出；三是公共经济关系，主要指城市的管理者同企业和家庭不通过市场所联结成的经济关系，主要包括基于各种城市公共服务而实施的财政税收政策；四是区内—外部经济关系，主要指城市内的家庭内部或者企业内部或者两者之间不直接通过市场所联结成的经济关系。

　　根据上面的归纳可以看出，城市经济学的研究内容涉及广泛，从城市发展动力、经济增长、规模选择、空间布局、土地利用、基础设施、房地产市场、财政税收及生态环境等方面，对城市进行全面深入的研究。

　　从城市低碳化发展的相关议题来看，城市低碳持续发展所要解决的问题基本被涵盖在城市经济学的研究内容中。因此，将城市经济理论作为城市低碳化发展的经济理论基础十分合适和必要。

　　依据城市经济学的研究内容，城市低碳发展包括如下问题：一是城市低碳化发展的动力。主要从城市低碳化发展的宏观时代背景，探究城市低碳化发展的必然性。二是城市低碳化发展的经济增长。虽然城市低碳化发展强调低碳理念，但是并不能认为城市低碳化发展就不再注重经济的增长，缺少经济基础，城市低碳化发展的基础就不牢靠。由此，就需要探讨在保证经济增长的前提下，城市低碳化发展的可行性路径，这就需要从城市主体行为、产业结构调整、技术培育、政策选择等方面寻找实现的可能路径。三是城市低碳化发展水平的测度。如何实现较低水平的碳排放，是城市低碳化发展必须加以解决的课题。由此，城市低碳化发展应当关注碳排放目标的设定、技术的开发与积累、能源的选择与利用、产业选择与结构的调整、低碳管理的践行等，寻找合适的解决方法。四是城市低碳化发展的实现路径。低碳发展不仅是城市发展的理念，更是城市发展的实践，因此，低碳化发展必须考虑采取合适的制度、措施以推进城市的低碳化发展。例如，如何通过系统性的制度体系，确保城市低碳化发展所依赖的支撑机制得以实现；如何在保证城市低碳化发展的前提下，通过关键性措施的实施，促进城市经济的持续增长等。

　　综上所述，城市经济学对城市低碳化发展的内容做出了相应的规定，但这并不代表城市低碳化发展的内容等同于传统城市经济学的内容。推动城市低碳化发展，既要考虑城市经济学提供的理论路径，又要充分考虑城市低碳化发展所面临的时代性课题，即在工业化中后期的城镇化快速发展阶段，生态文明观对城镇化发展的低碳理念要求。

2.5.2　内生增长理论

　　内生增长理论主要解释经济发展的内在动力，这一理论认为经济持续增长的核心不是依靠外力，而是取决于技术进步，以 Romer（1986）的知识溢出模型为代表。Romer（1986）在 Arrow（1962）研究的基础上，对技术发展进行内生化处理，构建 Arrow-Romer 模型；其研究认为知识和技术具有溢出效应，两者是厂商产出的副产品，在当期厂商实现盈利或增长时也会带动同一行业或相关行业的厂商实现盈利或增长，从而带动经济的发展。知识和技术的溢出意味着生产的外部性，对社会的最优增长也具有重要意义，政府需要对这一积极的外部效应进行补贴。Lucas（1988）的人力资本模型在 Uzawa（1965）研究的基础上，构建出 Uzawa-Lucas 模型，以说明人力资本的积累和投入对经济增长的重要性。Lucas（1988）研究认为人力资本积累是经济增长的重要源泉，一方面，他认为人力资本积累具有外部性，另一方面，人力资本积累和人力资本存量成正比，随着人力资本积累的增加，经济部门的产出就越大，经济增长就越具有可持续性。

不同的学者对内生增长理论有不同的理解，对生态环境、城镇发展的研究进一步扩展和丰富了这一理论。Gradus 和 Smulders（1993）在效用函数和约束条件中引入环境污染的变量，当物质资本收益是常数时，污染减排行为将会对投资产生挤出效应，内生增长率也会降低；在人力资本积累增长、物质资本密度降低时，内生最优增长率不会受到持续增加的环境管制标准的影响，这取决于污染是否影响人们的学习能力。Bovenberg 和 Smulders（1996）则考虑了环境政策对经济增长的影响，他将可再生资源等环境资源作为公共消费品纳入内生增长模型，发现环境政策有明显的长期效应和短期效应之分，经济产出对环境政策反应最敏感，其增长率在短期内会下降，但长期呈上升趋势。Stokey（1998）在 AK 模型[①]的基础上，把污染引入生产函数中来研究经济增长的可持续问题，他发现人均收入和环境质量是倒 "U" 形的变化关系，认为能否实现可持续的经济增长取决于日益严格的环境管制和稳速增长的资本回报是否兼容。Black 和 Henderson（1999）研究在一个内生增长的经济和外生增长的人口系统中，城市化和经济增长相互影响，局域性的信息溢出促进了人口集聚，人力资本积累促进了内生经济增长，单个城市的规模和城市数量与人力资本积累及知识溢出相关。

国内将内生增长理论与城市发展联系起来的研究成果大多还在构建理论模型和推演逻辑阶段。王海建（2000）在 Lucas 人力资本积累内生增长模型的基础上，将城市的不可再生资源纳入模型，解释了环境治理政策对环境外在性跨市效用的影响。彭水军和包群（2006）建立了人口、不可再生自然资源、研发创新和经济四个内生增长扩张模型，解释了四个模型的内在机理，在此过程中得出了转变增长方式才能促进经济长期持续增长的结论。陶磊等（2008）先是建立了内生增长模型，然后运用最优控制理论得出了模型的稳态增长解，这一解法发现惯常

---

① A 为反映技术水平的常数，K 为资本存量，表示内生增长模型

强调的技术进步并不是可持续增长的唯一动力，合理利用可再生资源对可持续增长也有重要作用。

2.5.3 碳减排成本理论

碳减排成本研究源于生态环境治理成本研究。国外对此研究主要集中在"环境治理成本效益空间异质"，它主要指治理生态环境所支付的成本在不同地区有所不同。国外相关学者将这一现象的原因归结于市场，他们认为市场自身的缺陷和失灵，导致不能够或者不能有效调节生态环境资源。因此，建立环境资源市场和相关机制成为解决途径。Sterner 和 van den Bergh（1998）通过对已取得成果的分析，建立了一系列为解决环境治理成本问题的理论和方法，如欧盟各成员国对环境保护采取积极的补贴政策；英国政府规定"农民负责对农场附近的树林、河沟的保护，养殖农场必须有环保计划书，政府对遵守这些措施的农民和农场支付470 英镑补贴费"等。国内对生态环境治理成本的研究关注点主要放在如何有效地改善环境。在国家层面上，我国于 1994 年确立了可持续发展战略，其中的重要决策就是生态环境建设，相关的研究成果也不断涌现。周一虹和乔岳（2004）依据会计学理论，建立控制污染的成本模型，并建立了城市空气污染治理成本模型。薛冰和郭斌（2007）运用"成本-收益"方法探讨民主协商理念下公众参与公共决策的外部激励约束和中央自上而下的激励约束，促使地方政府积极履行环境保护职能，设定符合社会发展的长远利益的治理目标。殷军社和卢宏定（2010）运用经济学成本分析方法，探讨我国现行环境法律制度的设计及实施，研究认为我国环境法律制度建设不成熟是生态环境治理成本高企的重要原因。

温室气体排放会导致一系列的气候灾难，国内外决策者不断就遏制气候变暖和减排成本进行着痛苦抉择，抉择缘由就在于碳减排成本高昂。国际上，发达国家与发展中国家（尤其是新兴市场国家）围绕减排责任不断谈判；国家内部发达区域与落后区域也在持续争辩。同时，不同的社会主体在坚定地维护本方的利益，不愿承受碳减排带来的经济和社会代价。由此可见，碳减排行为不仅关系到国际和国内竞争，还涉及不同行业和项目等层面的具体考量。此外，成本理论也分为长期成本、短期成本、边际成本、单位成本等。联系到碳减排的具体情境，本书在对碳减排成本研究进行梳理后，将碳减排成本分为短期减排成本和长期减排成本，并分别在宏观和微观层面进行界定。

短期减排成本，是指在现有的发展条件下，减少如建材、交通、化工、钢铁、火电等主要碳排放部门的生产，同时限制企业生产规模，短期内为实现碳减排而造成的损失，这属于行业层面上的短期减排成本；这些高碳排放部门，在新兴市场国家大多属于支柱产业，这些产业被限制发展会导致这些国家经济的放缓甚至停滞，经济的放缓甚至停滞则会造成宏观层面的短期减排成本。

　　长期减排成本，是指碳减排政策在长期内会通过调整经济结构而影响到一个国家或地区的经济系统，在这一过程中优化产业结构、提高能源利用率、减少碳排放而产生的成本属于微观层面的长期减排成本；而总体经济系统转型为低碳模式所付出的成本属于宏观层面的长期减排成本。

　　碳减排成本的研究是碳减排策略研究、制定与落实的基础，基于以上对碳减排成本内涵和外延的界定，本书在碳减排策略研究部分对碳减排成本的考量和定义主要是指城镇化进程中的长期减排成本，而不是对某一行业或产业成本的具体核算（第 7 章将展开论述）。

第3章 中国城镇化发展与碳排放的发展态势及存在的问题

本章分析中国城镇化与碳排放的发展现状。从不同角度和层面描述城镇化与碳排放的发展现状，并在对城镇化与碳排放发展现状总结的基础上，发现传统发展模式下城镇化发展的问题和碳排放的严峻态势，找出产生这些问题的根源。

3.1 中国城镇化的发展现状

城镇化是一个综合、复杂的动态过程：在空间上表现为城镇地域不断扩展，城镇数量不断增加；在经济方式上表现为农业活动不断转变为非农业活动；在生活方式上表现为乡村生活方式逐渐转变为城市生活方式。

城镇化是一个国家或地区经济、社会发展的必然结果，其发展程度也在一定意义上代表了这个国家或地区的发展水平。随着经济、社会的发展，自中华人民共和国成立以来，中国城镇化率从 1949 年的 10.64%上升到了 2015 年末的 56.10%。城镇人口数和城镇化水平的变化情况如图 3.1 所示。

由图 3.1 可知，中华人民共和国成立以来，中国城镇化水平总体上呈现出上升趋势，城镇人口数量也不断增长。但是，由于受不同历史时期经济社会发展政策、城镇化发展方针和人口统计口径等诸多因素的影响，城镇化发展具有明显的阶段性特征。结合图 3.1 的变化曲线，可以看出我国城镇化发展可分为以下几个阶段。

城镇化初步发展阶段（1949～1960 年），在这一时期，国民经济不断恢复，大量重工业的发展和工业城镇的出现，带动了城镇人口数量的增长，城镇化水平由 1949 年的 10.64%增长到 1960 年的 19.75%。

城镇化发展停滞阶段（1961～1977 年），在此阶段，由于社会发展受到自然灾害和"文化大革命"的冲击与影响，全国范围出现了城镇人口流向农村的

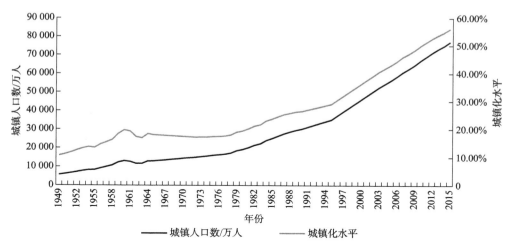

图 3.1 1949~2015 年中国城镇人口数与城镇化水平变化示意图

"逆城镇化"现象,城镇化水平一度停滞在 17.50%左右。

城镇化发展恢复阶段(1978~1995 年),在这一时期,随着干部和知识分子返城,改革开放政策实行,经济复苏发展和农村富余劳动力出现,城镇化进程又得以恢复和发展。这一时期城镇化水平增加到 29.04%。

城镇化快速发展阶段(1996 年至今),1996 年中国城镇化水平首次突破30%,截至 2015 年末城镇化水平达到 56.10%,这一阶段的城镇化水平平均每年增长7.20%。这一迅速发展的进程是经济社会全面发展,国家积极推进城镇化发展政策和经济体制改革等各种因素共同作用的结果。

3.1.1 中国城镇化的发展水平

1. 中国城镇化水平与工业化水平相比,总体滞后

全球城镇化与工业化发展的历史表明,两者既相互制约又互相促进。一旦离开工业化,城镇化就无从谈起;一旦脱离城镇化,工业化势必会受到制约。工业化是城镇化发展的基础,城镇化又反过来促进工业化的发展,两者理想的发展模式是同步、协调、一致发展。钱纳里和赛尔昆(1988)研究认为工业化与城镇化的关系是随着发展不断变化的,在发展初期工业化快于城镇化,而当两者发展水平超过 13%后,城镇化将快于工业化,并对工业化发展起到极大的推动作用。我们参考钱纳里多国模型,比较在相同收入水平下的中国城镇化水平与工业化水平,见表 3.1。

表 3.1　钱纳里多国模型与中国城镇化、工业化水平对比

人均 GNP/美元	钱纳里多国模型			中国城镇化、工业化水平		
	城镇化水平	工业化水平	偏差	城镇化水平	工业化水平	偏差
100	22.0%	14.9%	7.1%	17.4%	36.8%	−19.4%
200	36.2%	21.5%	14.7%	17.9%	44.3%	−26.4%
300	43.9%	25.1%	18.8%	24.5%	38.9%	−14.4%
400	49.0%	27.6%	21.4%	26.9%	37.4%	−10.5%
500	52.7%	29.4%	23.3%	28.0%	40.8%	−12.8%
800	60.1%	33.1%	27.0%	34.8%	42.7%	−7.9%
1000	63.4%	34.7%	28.7%	39.1%	44.8%	−5.7%

资料来源：钱纳里多国模型数据主要参考钱纳里和赛尔昆：《发展的型式：1950—1970》，李新华，等译，经济科学出版社，1988 年；有关中国的数据来源于《中国统计年鉴》，经整理后得出

注：GNP 表示国民生产总值（gross national product）；城镇化水平指人口城镇化，工业化水平指工业产值占 GNP 的比重

从表 3.1 可以直观地看到，在同一收入水平下，中国城镇化与工业化水平和世界多国的差距。在钱纳里多国模型中，偏差为正，即城镇化水平一直高于工业化水平；且随着工业化的推进，城镇化水平快速提升并大大超过工业化水平。相反，中国在城镇化和工业化进程中，偏差为负，即城镇化水平低于工业化水平。随着改革开放政策实行，中国工业化和城镇化都得到长足发展，如人均 GNP 在 200 美元时，两者水平双双提升；到了人均 GNP 在 500 美元时偏差值为 −12.8%，直至人均 GNP 在 1000 美元时偏差值降为−5.7%，城镇化迟滞的状况有所改善，但未从根本上改变。

发展经济学家 Perkins 等（2012）研究认为，工业化发展会驱使城市大发展，根据各国的平均水平，当一个国家的人均收入从大约 200 美元增加到 1000 美元时，工业化水平也会从 18% 增加到 35%，城镇化水平更会从 20% 增加到 30%～50%。根据钱纳里多国模型与发展经济学家的研究分析得出，总体上中国城镇化是滞后的，不仅在本国滞后于经济发展水平和工业化水平，也滞后于世界同等收入水平的国家和地区。

2. 中国城镇化水平与非农化水平相比，仍旧滞后

城镇化除了表现在工业化兴起，产业结构非农化以外，还表现在人口向城镇迁移和农民转向非农产业就业。因此，第二产业和第三产业的就业状况与非农产业产值占生产总值的比重，都能成为衡量城镇化是否滞后的参照标准。鉴于前文比较过工业化水平与城镇化水平，本小节将非农产业就业比例作为衡量非农化水

平的指标，进而与城镇化水平做对比。这里非农产业就业比例是指从事第二、第三产业的劳动人口占整个社会就业人口的比重，反映了农民转换为非农产业人口的程度。与前文对比工业化水平与城镇化水平相似，这里仍采用钱纳里多国模型来衡量城镇化水平与非农化水平。按照惯例，国际上一般根据非农产业就业比例（N）与城镇化水平（U）的比值（N/U）的大小来衡量城镇化是否滞后。

如表 3.2 所示，在同等收入水平下，依据钱纳里的研究，非农产业就业比例与城镇化水平的比值（N/U）一直保持在 1.2 左右，而中国的 N/U 基本在 1.4 左右，在人均收入为 500 美元时，偏差高达 15.6%。同时，对比两者的实际发展程度，中国的非农化速度是一直快于城镇化进程的。这些数据表明，总体上与非农化水平相比，中国的城镇化水平也是滞后的。

表 3.2　钱纳里多国模型与中国城镇化水平、非农化水平对比

人均 GNP/美元	钱纳里多国模型				中国城镇化、非农化水平			
	城镇化水平（U）	非农产业就业比例（N）	偏差（$N-U$）	非农产业就业比例/城镇化水平（N/U）	城镇化水平（U）	非农产业就业比例（N）	偏差（$N-U$）	非农产业就业比例/城镇化水平（N/U）
100	22.0%	34.2%	12.2%	1.55	17.4%	19.2%	1.8%	1.10
200	36.2%	44.3%	8.1%	1.22	17.9%	29.5%	11.6%	1.65
300	43.9%	51.0%	7.1%	1.16	24.5%	39.1%	14.6%	1.60
400	49.0%	56.2%	7.2%	1.15	26.9%	40.3%	13.4%	1.50
500	52.7%	60.5%	7.8%	1.15	28.0%	43.6%	15.6%	1.56
800	60.1%	69.9%	9.8%	1.16	34.8%	49.9%	15.1%	1.43
1000	63.4%	74.8%	11.4%	1.18	39.1%	50.0%	10.9%	1.28

资料来源：钱纳里多国模型数据主要参考钱纳里和赛尔昆：《发展的型式：1950—1970》，李新华，等译，经济科学出版社，1988 年；有关中国的数据来源于《中国统计年鉴》，经整理后得出

注：城镇化水平指人口城镇化，非农化水平指从事第二、第三产业的劳动人口占整个社会就业人口的比重

3. 中国城镇化水平与处于同一发展阶段和收入水平的国家或地区相比，严重滞后

在前文的钱纳里多国模型和中国的城镇化发展对比中可得出，即使在同等收入水平下，中国的城镇化水平也远落后于常态化的城市发展水平，本小节在这里就不展开阐述。下面着重就中国城镇化与处于同一发展阶段和收入水平的国家或地区做对比。

世界银行依据 2018 年全球的国家收入，将世界范围内的国家分为如下几组：人均国民收入（per capita gross national income，GNI）低于 1025 美元被列为低收入水平国家；中低收入水平国家的 GNI 为 1026～3995 美元；中高收入水平

国家的 GNI 为 3996～12 375 美元；高收入水平国家的 GNI 为 12 376 美元及以上。根据 2017 年世界银行公布的数据，中国（不含港澳台地区）GNI 为 8690 美元，中国步入中高收入水平国家水平。根据 2018 年联合国经济和社会事务部人口司发布的《世界城镇化发展展望》（*World Urbanization Prospects*）显示，全球已有55.3% 的人口居住在城镇地区。按照不同收入水平的国家分类，本小节统计出同一阶段不同收入水平的各国家的城镇化水平，见图 3.2，统计数据为 2014 年。

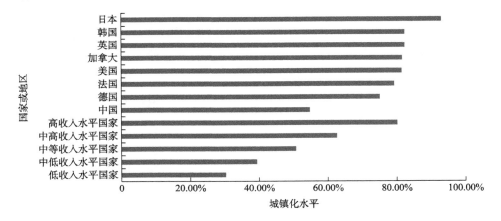

图 3.2　同一阶段不同收入水平国家的城镇化水平

资料来源：国家收入分类标准数据根据世界银行网站相关资料整理得出；城镇化数据通过联合国相关文件整理得出；图 3.2 中的中等收入水平国家是对中高收入水平国家和中低收入水平国家的综合评价，数据来源于《世界城镇化发展展望》，与世界银行的收入水平划分并不是一一对应的

从图 3.2 可得，与世界城镇化发展水平相比，中国的城镇化水平不仅与自身的经济发展水平不相符，而且远落后于世界主要发达国家及中高收入水平以上国家的城镇化水平。中国与美国、日本、德国、法国、英国、加拿大等七国的经济总量均位居世界前列，但是这七个国家中，最低的德国城镇化水平达到 77.26%，最高的日本城镇化水平则为 91.54%，中高收入水平国家的平均城镇化水平也达到了 62.60%。而中国的城镇化水平在此阶段仅为 54.77%。可见中国的城镇化发展还有很大的空间。

3.1.2　中国城镇化的发展速度

如前文分析，中国城镇化发展经历了初步发展阶段、发展停滞阶段、发展恢复阶段和快速发展阶段，城镇化水平从 1949 年的 10.64% 增长到 2015 年的 56.10%，年均增长率为 2.55%，见图 3.3。而本节对这一发展速度的评价则需要从以下两个方面来看。

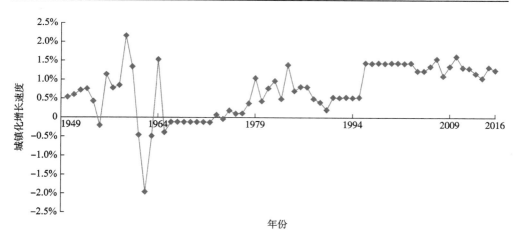

图 3.3　1949~2016 年中国城镇化增长速度

1. 参照城镇化发展过程理论判断

美国城市地理学家 Northam（1975）在研究全球城市发展规律的基础上，总结出城镇化的发展轨迹，并将其概括为一条被拉平的"S"形曲线，见图 3.4。这一规律的发现是基于总结了各阶段的人口流动、产业结构、经济发展水平等，是目前被广泛接受的城镇化发展规律。他认为城镇化的发展过程可被划分为起步阶段（城镇化水平小于 30%）、中期加速阶段（城镇化水平处于 30%~70%）和成熟稳定阶段（城镇化水平大于 70%）。

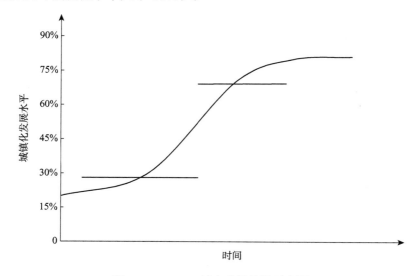

图 3.4　Northam 城市发展阶段示意图

1998 年中国的城镇化水平增长到 30.48%（数据来源于《中国统计年鉴》），标志着中国的城镇化进程进入中期加速阶段，这一阶段中国的年均增长速度为 1.4%。这一速度与现今发达国家的城镇化增长速度相比是明显过快的；但是发达国家目前处在成熟稳定阶段，所以，中国应与发达国家的中期加速阶段相比较。现在的发达国家也经历过城镇化的加速发展阶段，尤其以日本和德国最为突出与典型。德国从 1871 年到 1910 年的 40 年间，城镇化水平由 36.1% 增长到 60%，其中，城镇化水平在 1890 年到 1990 年的十年间增加了 11.9%。而日本相比德国的城镇化发展速度则更快，从 1950 年到 1980 年，30 年间日本的城镇化水平从 37.5% 上升到 76.19%，年均增长率为 2.39%。其中，在第二次世界大战后 1950 年到 1955 年的五年间，日本的城镇化水平上升了 18.83%，年均增长率为 3.51%。

通过与处于相同城镇化发展阶段的德国和日本的对比来看，中国目前的城镇化发展速度既不是最慢的也不是最快的，更不存在"冒进"的态势，加速发展是城镇化进程中的必经阶段，而城镇化发展速度是否合理还需要参照其发展质量。

2. 参照城镇化发展质量判断

方创琳和王德利（2011）研究认为城镇化发展质量是衡量城镇化发展速度是否合理的一项重要指标。人的城镇化是城镇化发展的实质和核心，城镇化发展质量的衡量也就围绕在城镇化快速发展过程中人的经济、社会、生态等方面的利益是否得到保障。因此，有质量保障的城镇化，才是健康的城镇化；注重发展质量的城镇化，才是合理的城镇化。而一旦城镇化发展速度超过城镇化发展质量的提升速度，各种"城市病"就会频发，如城镇居民就业困难、住房紧张、交通拥堵、生态环境问题等。

牛文元（2016）、栾贵勤和马韫璐（2014）研究发现，在中国城镇化进程不断推进的过程中，相关公共设施建设、配套设施建设与公共服务水平都有很大的发展和提升。但是，城镇化发展质量还有如下一些问题：第一，城镇空间和规模结构方面。城镇空间内部无序蔓延，土地资源利用粗放；空间结构不合理，造成人口过度集聚或在一定时间内单向流动，影响城市效率；中小城市数量多，产业和人口不足，城市发展潜力没有得到充分发挥。第二，城市管理服务水平方面。许多城市仍沿用重经济发展、轻环境保护，重城市建设、轻管理服务的发展思维，"城市病"问题日益突出，城市交通拥堵、环境污染、公共安全事件频发，进一步影响城市的运行效率。第三，城市建设特色方面。一些城市景观风格一味求"洋"，建筑追求标新立异，照抄照搬，与所在区域的自然地理特征极度不协调，与风俗文化背离，城市自有的文化和景观个性被破坏。

尽管存在上述诸多问题，中国城镇化从整体上还是发挥了改善人民生活和提升人民生活质量的重要历史作用，而且在其发展过程中也未像拉美国家那样出现大范围的失业和大面积的贫民窟（郑春荣，2015）。因此，参照城镇化发展质量判断，中国城镇化的发展速度整体上是合理的。

3.1.3　城镇化发展水平综合测度

1. 城镇化发展水平综合测度指标选择

从前文关于城镇化发展水平和速度及存在问题的论述可见，城镇化的快速发展对整个社会和经济体系的稳定运行也是一项严峻的挑战，城镇基础设施和公共服务的提供都需要有一定的前瞻性。譬如，低估了城镇化发展速度，就会对城市建设投入不足，从而带来交通拥堵、环境污染、居住环境恶劣等"城市病"。这就要求对城镇化发展水平进行科学的预测，必须深入地研究和确定城镇化发展水平的因素。

最早研究城镇化发展的文献可追溯到 Marshall（1961）和 Jacobs（1969），他们最早提出外部规模经济理论来解释城市的形成和发展。外部规模经济可分为地方化经济（产业内外部性）和城市化经济（集聚经济），两者分别通过微观机制和外部规模经济吸引企业和劳动力向城市转移。而对城镇化发展决定因素的实证研究最早可见 Pandey（1977），他基于印度邦级的截面数据，验证了工业化水平、农作物种植面积和平均工资等与城镇化水平的相关性，但是并不能说明它们之间的因果关系。Chang 和 Brada（2006）关于中国城镇化率的研究也存在同样的问题。国内关于城镇化影响因素的研究也存在这类问题，可见钱陈和史晋川（2007）、简新华和黄锟（2010）、马孝先（2014）与于燕（2015）的研究。

结合已有对城镇化影响因素的研究，并顺应以人为本、以质量为关键的新型城镇化要求，同时考虑到本书的其中一项研究内容是梳理城镇化发展与碳排放的作用关系，见图 3.5，本书采用综合指标体系对新型城镇化进行测度。这一指标体系从规模维度、结构维度和技术维度三个维度来衡量城镇化发展水平。本书根据新型城镇化的内涵，参考王家庭（2011）、方创琳等（2014）的《中国新型城镇化健康发展报告》、王建康等（2016）的研究成果，并考虑本书主要研究城镇化发展与碳排放的关系，用表 3.3 中所示的指标来衡量城镇化发展水平。

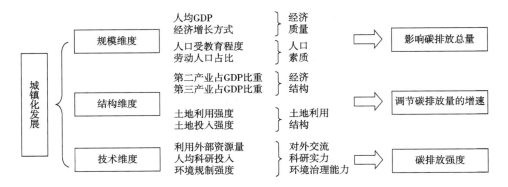

图 3.5　城镇化发展影响碳排放的三个维度

表 3.3　城镇化发展水平综合测度指标体系

衡量维度	要素名称	指标名称（单位）	指标含义
规模维度	经济质量	人均 GDP（万元/人）	GDP/市区人口
		经济增长方式（%）	固定资产投资/GDP
	人口素质	人口受教育程度（万人）	每万人在校大学生数
		劳动人口占比（%）	市区劳动人口/市区人口
结构维度	经济结构	第二产业占 GDP 比重（%）	第二产业产值/GDP
		第三产业占 GDP 比重（%）	第三产业产值/GDP
	土地利用结构	土地利用强度（%）	建成区面积/市区面积
		土地投入强度（万元/千米²）	GDP/建设用地面积
技术维度	对外交流	利用外部资源量（万元）	外商直接投资额
	科研实力	人均科研投入（万元/人）	教育与研究支出/市区人口
	环境治理能力	环境规制强度（万元/千米²）	环境治理投资/建成区面积

从表 3.3 中可看到，城镇化发展水平的规模维度用经济质量和人口素质来衡量。其中人均 GDP 描述经济发展水平，经济增长方式用固定资产投资占 GDP 比重表示，描述经济活力，这两项表征经济质量；人口受教育程度和劳动人口占比反映人口素质。

城镇化发展水平的结构维度分别从经济结构和土地利用结构两方面衡量。第二、第三产业分别占 GDP 比重表征非农产业占 GDP 比重，描述产业转移的情况；土地利用强度说明城市开发的规模，土地投入强度则描述城市开发的强度。

城镇化发展水平的技术维度分别从对外交流、科研实力和环境治理能力三个方面衡量。对外交流用利用外部资源量表示，说明技术更新的外部环境；科研实力用人均科研投入描述，表述技术进步的物质保障；一个城市的环境治理能力与技术水平密切相关，这里用环境规制强度反映。

2. 城镇化发展水平综合测度方法

由于城镇化发展水平综合测度方法的衡量指标较多，数据代表的信息量也较大，为了避免主观赋权产生的偏差，本书采用熵权法对构建的指标体系进行赋权。熵权法是一种在综合考虑各因素提供信息量的基础上计算一个综合指标的数学方法，是一种客观、综合的定权法。因此，熵权法能准确地反映城镇发展水平评价指标所含的信息量，可以解决各评价指标信息量大、进行量化难的问题。

在信息论的带动下，熵概念逐步在自然科学、社会科学及人体学等领域得到应用。在各种评价研究中，人们经常要考虑每个评价指标的相对重要程度。表示重要程度最直接和简便的方法就是给各指标赋予权重。按照熵思想，人们在决策中获得信息的多少和质量，是决策精度和可靠性大小的决定因素，而熵就是一个理想的尺度。本小节将熵思想引入城镇化发展水平综合测度研究中，根据各评价指标提供的信息，客观确定其权重。

下面结合具体研究实例来说明熵权法的基本原理。假设评价对象包括 n 个城市，反映其城镇化发展水平的评价指标有 m 个，分别为 x_i（ $i=1,\cdots,m$ ），并获得各城市各评价指标统计值，设其矩阵为

$$R'=\left(r'_{ij}\right)_{m\times n}\left(i=1,\cdots,m;j=1,\cdots,n\right) \tag{3.1}$$

式中，r'_{ij} 表示第 j 个城市在第 i 个指标上的统计值。为消除指标间不同单位的影响，对 R' 进行标准化，得到各指标标准化矩阵。由于标准化后数据 R' 受 r'_{ij}、$\min\left|r'_{ij}\right|$ 和 $\max\left|r'_{ij}\right|$ 的影响，本书采用极值法对统计数据进行标准化。设标准化后的矩阵 $R=\left(r'_{ij}\right)_{m\times n}$，标准化公式为

$$r_{ij}=\frac{r'_{ij}-\min\limits_{j}\left|r'_{ij}\right|}{\max\limits_{j}\left|r'_{ij}\right|-\min\limits_{j}\left|r'_{ij}\right|}\times 10 \tag{3.2}$$

对统计数据进行标准化后就可以计算各指标的信息熵。第 i 个指标的熵 H_i 可定义为

$$H_i=-k\sum_{j=1}^{n}f_{ij}\ln f_{ij} \tag{3.3}$$

式中，$f_{ij}=\dfrac{r_{ij}}{\sum\limits_{j=1}^{n}r_{ij}}$；$k=\dfrac{1}{\ln n}$（假定：当 $f_{ij}=0$ 时，$f_{ij}\ln f_{ij}=0$ ）。

在指标熵值确定后就可根据下式来确定第 i 个指标的熵权 w_i：

$$w_i = \frac{1 - H_i}{m - \sum\limits_{i=1}^{m} H_i} \qquad (3.4)$$

由此可见，当各被评价对象在指标上的值相差越大时，其熵值越小，而熵权越大，说明该指标项向决策者提供的有用信息越多。作为权数的熵权，是指在给定被评价对象集后各种评价指标值确定的情况下，各指标在竞争意义上的相对激烈程度系数。当评价对象确定以后，再根据熵权对评价指标进行调整、增减，以利于做出更精确、可靠的评价，评价方法采用综合评价法。

综合评价法是在确定研究对象评价指标体系的基础上，运用一定方法对各指标在研究领域内的重要程度，即其权重进行确定，再根据所选择的评价模型，利用综合指数的计算形式，定量地对某现象进行综合评价的方法。由此，关于各城市城镇化发展水平的衡量，我们就采用这一评价模型：

$$C_r = \sum_{i=1}^{m} w_i \times C_i \qquad (3.5)$$

式中，C_r 表示各城市城镇化发展水平得分；$C_i = \dfrac{X - X_{\min}}{X_{\max} - X_{\min}} \times 10$，$C_i$ 表示指标统计值标准化结果，X 表示指标统计值，$X_{\max}$ 表示各城市指标统计值中的最大值，$X_{\min}$ 表示最小值。通过计算得到各城市城镇化发展水平得分。

3. 中国城镇化发展水平综合测度

本书主要研究中国城镇化发展与碳排放问题。从 2003 年开始，中国落实科学发展观，对发展过程中的环境问题日益重视，对碳排放的研究和碳减排的重视程度也与日俱增。结合研究的问题和政策背景，同时考虑到数据的可得性，本书选取 2003～2015 年 199 座地级及以上城市的数据来测度中国城镇化发展水平，这些城市分布于中国除了台湾、香港、澳门、西藏之外的 30 个省、自治区和直辖市，它们在地域和发展水平上都具有良好的代表性。研究数据主要来源于对应年份的《中国统计年鉴》《中国城市统计年鉴》《中国城市建设统计年鉴》的统计数据或经计算得出。

本书首先对标准化的数值进行检验，先确认选择的指标是否适合做测度因子，这里采用 KMO（Kaiser-Meyer-Olkin）值和 Bartlett（巴特利特）球形度检验。关于 KMO 检验，分如下几种情况：当系数值小于 0.5 时，说明检验结果不可靠，所选指标不适合进行因子分析；当系数值在［0.5，0.6）时，说明检验结果不太可靠，所选指标不太适合进行因子分析；当系数值在［0.6，0.7）时，说明检验结果可以接受，所选指标可以进行因子分析；当系数值在［0.7，0.8）时，说明所选指标内部相关性较高，适合进行因子分析；当系数值在［0.8，0.9）时，说明所选指标完全适合进行因子分析；当系数值在 0.9 及以上时，说明所选指标非常适合进行因子分析。

由表 3.4 可得 KMO 值和 Bartlett 球形度检验结果，KMO 值为 0.857，表明所选指标的数据完全适合做因子分析；Bartlett 球形度检验近似卡方值为 935.273，所对应的检验值显著性为 0.000，明显小于显著性水平 0.05，可得相关系数矩阵与单位矩阵之间存在显著性差异，表明所选指标数据之间具有相关性。

表 3.4　城镇化发展水平综合测度指标适应性检验

检验项	检验项目	检验结果
取样足够的 KMO 检验		0.857
Bartlett 球形度检验	近似卡方	935.273
	df	78
	显著性	0.000

然后，本书应用数据分析工具 Python3.4（程序代码见附录）和熵权法得出各个指标的权重，见表 3.5。

表 3.5　城镇化发展水平综合测度指标权重

变量名称	符号	权重	变量名称	符号	权重
人均 GDP	c_1	0.0511	土地利用强度	c_7	0.0167
经济增长方式	c_2	0.0260	土地投入强度	c_8	0.0646
人口受教育程度	c_3	0.1877	利用外部资源量	c_9	0.3119
劳动人口占比	c_4	0.1877	人均科研投入	c_{10}	0.0797
第二产业占 GDP 比重	c_5	0.0157	环境规制强度	c_{11}	0.0797
第三产业占 GDP 比重	c_6	0.0167			

由表 3.5 可知，应用熵权法对各个指标进行归一化处理后，各个衡量指标对城镇化发展水平的影响程度（权重）由大到小的排序为：利用外部资源量>人口受教育程度>劳动人口占比>人均科研投入>环境规制强度>土地投入强度>人均 GDP>经济增长方式>第三产业占 GDP 比重>土地利用强度>第二产业占 GDP 比重。

根据式（3.5），本书得出中国 2003～2015 年 13 年间 199 座地级及以上城市的城镇化综合发展水平。整体上 2015 年的城镇化综合发展水平最高，这基本上与中国城镇化总体发展趋势相同。东部地区城镇化综合发展水平最高，最高的城镇化发展水平综合评价值接近 8，且许多城镇化发展水平综合评价值达到 5；其次是中部地区，此区域最高的城镇化发展水平综合评价值接近 5，许多城镇化发展水平综合评价值能够达到 3；再次是东北地区，此区域最高的城镇化发展水平综合评价值接近 4.5，许多城镇化发展水平综合评价值接近 2.5；西部地区的城镇化发展水平综合评价值最低。

3.1.4　基于主成分分析法对城镇化发展的聚类分析

3.13 小节进行了 199 座地级及以上城市的城镇化发展水平的综合测度，通过研究发现东、中、东北、西部四个地区的城市间的城镇化发展是有差异的，为了方便后面深入分析城镇化发展与碳排放的作用关系，需要对所研究的城市进行分类。因此，本小节在前文研究的基础上，基于主成分分析法对这些城市进行聚类。

1. 主成分分析法的理论依据

主成分分析法的基本思想是降维，是在尽可能多地保留原始变量信息的条件下，将多个指标转化为少数几个综合性指标的多元统计分析方法。将转化得到的综合性指标称为主成分，它们是原始变量的线性组合，且各主成分之间互不相关。在解决复杂问题时我们可以只考虑少数几个主成分，从而能够更容易地抓住问题的主要矛盾，揭示内部变量间的规律，同时使问题简化，提高分析和解决问题的效率。

设原始数据样本矩阵为

$$X = \begin{bmatrix} x_{11} & x_{12} & \cdots & x_{1p} \\ x_{21} & x_{22} & \cdots & x_{2p} \\ \vdots & \vdots & & \vdots \\ x_{n1} & x_{n2} & \cdots & x_{np} \end{bmatrix} \tag{3.6}$$

式中，n 表示样本数；p 表示指标数。利用 p 个指标的 n 个样本，构造出 m 个新变量。要求在 m 个新变量中，包含 p 个变量的所有信息，同时 m 个变量之间互不相关，本节将 m 个新变量定义为

$$\begin{cases} z_1 = a_{11}x_1 + a_{12}x_2 + \cdots + a_{1p}x_p \\ z_2 = a_{21}x_1 + a_{22}x_2 + \cdots + a_{2p}x_p \\ \qquad\qquad\qquad \vdots \\ z_m = a_{m1}x_1 + a_{m2}x_2 + \cdots + a_{mp}x_p \end{cases} \tag{3.7}$$

式中，z_1 表示原始变量的线性组合，并且新变量之间相互独立。z_1 表示 $x_1, x_2, \cdots, x_p$

所有线性组合中具有最大方差者；z_2 表示与 z_1 不相关的 $x_1, x_2, \cdots, x_p$ 所有线性组合中具有最大方差者；z_m 表示与 $z_1, z_2, \cdots, z_{m-1}$ 都不相关的 $x_1, x_2, \cdots, x_p$ 所有线性组合中具有最大方差者；新变量 $z_1, z_2, \cdots, z_{m-1}$ 表示原始变量的第一，第二，$\cdots$，第 m 个主成分。

主成分分析法的重点是确定原始变量对新变量 z_j 的系数 a_{ij}，a_{ij} 就是原始变量相关矩阵的前 m 个变量较大特征值对应的特征向量，z_j 的方差则是相应的特征根 λ_i。一般认为，当前 k 个主成分的累计贡献率达到85%时，前 k 个主成分基本上就包含了全部指标数据的信息，主成分个数就选择为 k。

2. 运用 SPSS 软件对 199 座地级及以上城市按照主成分分析法聚类

本节先利用 SPSS 19.0 软件中的主成分分析法对数据进行处理，主要步骤包括：①先对指标数据进行标准化处理；②求指标数据的矩阵；③计算特征根与相应的标准正交特征向量；④计算主成分的贡献率和累计贡献率；⑤确定主成分个数；⑥计算主成分。

本节先用 2003 年 199 座地级及以上城市的相关数据对 11 项指标数据进行主成分分析和处理，得到表 3.6 和表 3.7。

表 3.6　2003 年相关数据解释的总方差

成分	初始特征值			提取平方和载入		
	合计	方差	累计	合计	方差	累计
F_1	4.391	39.918%	39.918%	4.391	39.918%	39.918%
F_2	2.110	19.183%	59.101%	2.110	19.183%	59.101%
F_3	1.061	9.649%	68.750%	1.061	9.649%	68.750%
F_4	0.920	8.368%	77.118%			
F_5	0.693	6.300%	83.418%			
F_6	0.578	5.254%	88.673%			
F_7	0.499	4.534%	93.207%			
F_8	0.257	2.337%	95.544%			
F_9	0.224	2.034%	97.578%			
F_{10}	0.161	1.461%	99.039%			
F_{11}	0.106	0.961%	100.000%			

表 3.7　2003 年主成分得分系数矩阵

指标	成分		
	F_1	F_2	F_3
第二产业占 GDP 比重	0.168	−0.926	0.081
第三产业占 GDP 比重	0.082	0.915	−0.139
人均 GDP	0.811	−0.317	−0.115
利用外部资源量	0.845	0.192	0.215
人口受教育程度	0.580	0.437	0.205
土地利用强度	0.744	0.157	0.054
劳动人口占比	0.514	−0.142	−0.046
土地投入强度	0.684	−0.193	−0.273
人均科研投入	0.831	0.049	0.079
环境规制强度	0.798	−0.046	0.082
经济增长方式	−0.186	−0.036	0.917

表 3.6 中列出了所有的主成分，对特征根从大到小进行排序，我们可以得到：第一主成分 F_1 的特征根为 4.391，能够反映 2003 年城镇化综合水平 39.918%的信息；第二主成分 F_2 的特征根为 2.110，能够反映 2003 年城镇化综合水平 19.183%的信息；第三主成分 F_3 的特征根为 1.061，能够反映 2003 年城镇化综合水平 9.649%的信息。经过主成分分析可得，前三个主成分指标能够反映 2003 年城镇化综合水平的 68.750%的信息。此时，本节认为反映 2003 年 199 座地级及以上城市的城镇化综合水平的指标可以用这三个主成分指标来代替。

表 3.7 是主成分得分系数矩阵，通过主成分得分系数矩阵我们可以将前六个主成分表示为各个指标变量的线性组合，将 11 个指标分别用 $x_1 \sim x_{11}$ 来表示，则第一主成分 F_1 可以用式（3.8）表示：

$$F_1 = 0.168x_1 + 0.082x_2 + 0.811x_3 + 0.845x_4 + 0.580x_5$$
$$+ 0.744x_6 + 0.514x_7 + 0.684x_8 + 0.831x_9 + 0.798x_{10} \qquad （3.8）$$
$$- 0.186x_{11}$$

同理，F_2、F_3 也可以表示成 $x_1 \sim x_{11}$ 的线性表达式，并且彼此不相关。另外，根据表 3.6 中的特征值，可以得到综合主成分 F 的表达式

$$F = 4.391F_1 + 2.110F_2 + 1.061F_3 \qquad （3.9）$$

将原始数据代入，可得到表 3.8。

表 3.8　2003 年 199 座地级及以上城市 3 个主成分分数值

城市	F_1	F_2	F_3
北京市	287.174	84.457	49.900
天津市	219.096	21.008	38.733
石家庄市	143.144	16.725	18.555
唐山市	123.148	−32.228	13.756
秦皇岛市	126.681	28.835	9.960
邯郸市	103.169	−67.776	30.250
邢台市	96.285	−40.802	39.641
保定市	100.176	2.480	27.022
张家口市	92.873	−15.863	15.301
⋮	⋮	⋮	⋮

　　然后，根据式（3.9）可以进一步得到 2003 年各个城市综合主成分 F 值。以此类推，可以得到 199 座地级及以上城市 2003～2015 年的综合主成分 F 值。

　　然后，将结果导入 SPSS 19.0 软件进行聚类，本书采用系统聚类中的质心方法，可将 199 座地级及以上城市分为三类，第一类城市有 17 座，分别为：北京市、天津市、沈阳市、大连市、上海市、南京市、无锡市、苏州市、杭州市、宁波市、厦门市、青岛市、武汉市、广州市、珠海市、佛山市、东莞市。结合数据特征和现实发展情况，本书将这类城市定义为发达城市。

　　第二类城市有 44 座，分别为：石家庄市、秦皇岛市、保定市、沧州市、太原市、呼和浩特市、鞍山市、盘锦市、长春市、吉林市、哈尔滨市、大庆市、徐州市、常州市、南通市、扬州市、镇江市、温州市、嘉兴市、绍兴市、舟山市、合肥市、芜湖市、福州市、泉州市、南昌市、济南市、东营市、烟台市、威海市、郑州市、长沙市、汕头市、惠州市、南宁市、海口市、重庆市、成都市、贵阳市、昆明市、西安市、兰州市、乌鲁木齐市、克拉玛依市。结合数据特征和现实发展情况，本书将这类城市定义为中等发达城市。

　　第三类城市有 138 座，分别为：唐山市、邯郸市、邢台市、张家口市、承德市、廊坊市、衡水市、大同市、长治市、朔州市、包头市、乌海市、赤峰市、通辽市、抚顺市、本溪市、丹东市、锦州市、阜新市、辽阳市、铁岭市、葫芦岛市、四平市、辽源市、通化市、白山市、松原市、白城市、齐齐哈尔市、鸡西市、鹤岗市、双鸭山市、伊春市、佳木斯市、七台河市、牡丹江市、黑河市、连云港市、淮安市、盐城市、宿迁市、泰州市、湖州市、金华市、衢州市、台州市、蚌埠市、淮南市、马鞍山市、淮北市、铜陵市、安庆市、黄山市、滁州市、阜阳市、宿州市、六安市、莆田市、三明市、漳州市、南平市、龙岩市、萍乡市、新余市、潍坊市、济宁市、泰安市、日照市、莱芜市、临沂市、德州市、聊城市、开封市、洛阳市、平顶山市、安阳市、新乡市、濮阳市、许昌市、漯河市、三门峡市、南阳市、商丘市、信阳市、黄石市、十堰市、宜昌市、鄂州市、荆门市、孝感市、荆州市、黄冈市、株洲市、湘潭市、衡阳市、邵阳市、岳阳市、常德市、张家界市、郴州市、永州市、娄底市、怀化市、肇庆市、梅州市、清远市、潮州市、柳州市、三亚市、自贡市、攀枝花市、泸州市、德阳市、绵阳市、广元市、遂宁市、乐山市、南充市、宜宾市、广安市、六盘水市、遵义市、曲靖市、铜川市、宝鸡市、咸阳市、渭南市、汉中市、延安市、榆林市、嘉峪关市、金昌市、白银市、天水市、西宁市、银川市、石嘴山市、吴忠市。结合数据特征和现实发展情况，本书将这类城市定义为一般城市。"发达城市"、"中等发达城市"和"一般城市"是对这 199 座地级及以上城市分类后描述的相对概念，只应用在本书中。

3.2　中国城镇碳排放的现状

本书研究城镇单元碳排放与碳减排的相关问题，在此之前需要先得到城镇层面碳排放量的具体数据，但是相关的统计年鉴没有给出直接的统计数据，因此本节首先基于碳排放的估算公式计算出研究的相关城镇碳排放的具体量；其次，根据计算数据从总量、空间特征、国际比较等方面分析中国城镇层面碳排放的发展现状及存在问题。

3.2.1　城镇层面碳排放核算方法

第 2 章综述部分就城镇化发展对碳排放的影响有专门论述，城镇是碳排放的主要地域单元和碳减排的重要空间执行单元之一。而我国现阶段的地域发展差异较大，不同城市的经济发展水平和碳排放水平差异也很大，为了深入研究城镇化发展与碳排放的作用关系，以及科学合理地制定碳减排策略，需要先对城镇层面的碳排放量进行测算。本书运用 2003～2015 年 199 座地级及以上城市的各项能源碳排放量和城市生产生活活动的相关数据，对碳排放量加以估算。

1. 199 座地级及以上城市碳排放核算标准和工具

国际上对城市碳排放量的核算标准，经历了相当长时间的探索和试行。2012 年 5 月，世界资源研究所、国际地方政府环境行动理事会和 C40 城市气候变化领导小组等联合制定《城市温室气体核算国际标准（测试版 1.0）》（Global Protocol for Community-Scale Greenhouse Gas Emissions Pilot Version 1.0，GPC），然后在全球 35 个城市试行并根据反馈意见加以修改。2014 年 12 月 8 日在秘鲁首都利马举行的《联合国气候变化框架公约》第 20 次缔约方大会，发布了《城市温室气体核算国际标准》正式版，这意味着城市层面的温室气体排放有了统一的核算标准和工具，将为支撑城市制定低碳发展政策起到关键作用。截至 2015 年 11 月，全球共有 300 多个城市宣布加入《城市温室气体核算国际标准》。

2. 199 座地级及以上城市碳排放核算方法

参考《城市温室气体核算国际标准》，本书对我国地级及以上城市的碳排放核算从城市能耗产生的碳排放、交通领域碳排放、废弃物处理产生的碳排放、工业生产活动的碳排放、园林绿地碳汇能力五个方面展开，方法如下。

1）能耗产生的碳排放量核算

权威的《中国城市统计年鉴》有关城市能耗的统计，只包含用电消费量、煤气消费量和液化石油气消费量三种能源消费量，这与城市发展使用的能源种类的现实不符。这里参考李江（2016）对城市能源消费量的折算方法，对城市能耗产生的碳排放量进行核算，他的方法核心是假设三种能源消费量占城市总能源消费量比重和占省域能源消费量比重相同。

第一步，根据省域能源消费量计算 2003～2015 年各个城市所在省域的能源消费折算系数，即城市的能源消费折算系数。

$$CEI_{it} = \frac{PE_{it} + PG_{it} + PL_{it}}{PEE_{it}} \qquad （3.10）$$

式中，t 表示年份；CEI_{it} 表示第 i 个城市的能源消费折算系数；PE_{it} 表示第 i 个省区市的用电消费量；PG_{it} 表示第 i 个省区市的煤气消费量；PL_{it} 表示第 i 个省区市的液化石油气消费量；PEE_{it} 表示第 i 个省区市的能源消费总量。

第二步，运用能源消费折算系数间接换算出城市的能源消费总量。

$$CCE_{it} = \frac{CE_{it} + CG_{it} + CL_{it}}{CEI_{it}} \qquad （3.11）$$

式中，t 表示年份；CCE_{it} 表示第 i 个城市的能源消费总量；CE_{it} 表示第 i 个城市的用电消费量；CG_{it} 表示第 i 个城市的煤气消费量；CL_{it} 表示第 i 个城市的液化石油气消费量。式（3.10）和式（3.11）中涉及的数据来源于 2004～2016 年《中国能源统计年鉴》和《中国城市统计年鉴》。同时，为了方便计算，能源消费的单位统一为千克标准煤，转换因子见《中国能源统计年鉴》的附录"各种能源折标准煤参考系数"。本书参考陈诗一（2009）的研究取碳排放系数，即一千克标准煤产生的 CO_2 量为 2.7163 千克，因此，城市能耗产生的碳排量的计算公式为

$$TCE_{it} = CCE_{it} \times 2.7163 \qquad (3.12)$$

2）交通领域碳排放量核算

城市交通产生的碳排放量是巨大的，由于《中国能源统计年鉴》中终端能源消费量有省域交通用地能耗，这里通过城市土地利用方式来换算出交通领域的碳排放量。

$$CTE_{it} = \frac{PT_{it}}{PTL_{it}} \times CTL_{it} \qquad (3.13)$$

$$TCT_{it} = CTE_{it} \times 2.7163 \qquad (3.14)$$

式中，t 表示年份；CTE_{it} 表示第 i 个城市交通单元的能耗量；TCT_{it} 表示第 i 个城市交通领域的碳排放量；PT_{it} 表示第 i 个城市所在省域的交通能耗；PTL_{it} 表示第 i 个城市所在省域的交通用地量；CTL_{it} 则表示第 i 个城市的交通用地量。式（3.13）和式（3.14）中涉及的数据来源于 2004～2016 年《中国能源统计年鉴》和《中国城市建设统计年鉴》。能耗量单位转化和碳排放系数与"能耗产生的碳排放量核算"中的一致。

3）废弃物处理产生的碳排放量核算

城市废弃物处理产生的碳排放量主要是焚烧过程中产生的碳排放量，核算公式如下：

$$WC_{it} = \sum_{it} \left(IW_{it} \times CCW_{it} \times FCF_{it} \times E_{it} \times 2.7163 \right)^{①} \qquad (3.15)$$

式中，t 表示时间；WC_{it} 表示废弃物处理产生的碳排放量；i 分别表示城市固体废弃物、生活垃圾处理量、污泥；IW_{it} 表示第 i 种废弃物的焚毁量（wt/y）；CCW_{it} 表示第 i 种废弃物中碳含量比例；FCF_{it} 表示第 i 种废弃物中矿物碳碳含量的比例；E_{it} 表示第 i 种废弃物的燃烧效率。各个排放因子取值采用《省级温室气体清单编制指南（试行）》推荐的数值，即 CCW_{it} 取值为 20%，FCF_{it} 取值为 39%，E_{it} 取值为 95%。碳排放系数与"能耗产生的碳排放量核算"中的一致。

4）工业生产活动的碳排放量核算

工业生产活动的碳排放量核算方法与交通领域碳排放量核算方法类似，也是利用省域工业用地能耗，通过城市土地利用方式来换算出工业生产活动的碳排放量。同时由于不同城市的工业发展程度有差异，本书还需在式中取城市的工业发展系数，即城市工业产值/所在省域工业产值。

$$TCI_{it} = \frac{PI_{it}}{PIL_{it}} \times \frac{CI_{it}}{CIV_{it}} \times CIL_{it} \times 2.7163 \qquad (3.16)$$

---

① 式（3.15）的核算方法参考郑海涛等（2016）的研究

式中，t 表示年份；TCI_{it} 表示第 i 个城市工业生产活动的碳排放量；PI_{it} 表示第 i 个城市所在省域的工业生产能耗；PIL_{it} 表示第 i 个城市所在省域的工业用地量；CI_{it} 表示第 i 个城市的工业产值；CIV_{it} 表示第 i 个城市所在省域的工业产值；CIL_{it} 则表示第 i 个城市的工业用地量。式（3.16）中涉及的数据来源于 2004~2016 年《中国能源统计年鉴》、《中国城市建设统计年鉴》和《中国城市统计年鉴》。能耗量单位转化和碳排放系数与"能耗产生的碳排放量核算"中的一致。

5）园林绿地碳汇能力核算

园林绿地在城市中有很强的碳汇能力，其核算公式如下：

$$GC_{it} = GA_{it} \times l \times m \times 12 \times 365 \qquad (3.17)$$

式中，GC_{it} 表示园林绿地碳汇能力；GA_{it} 表示城市的园林绿地面积（平方米）；l 表示叶面积指数[①]；m 表示单位叶面积 CO_2 吸收量［克/（米^2·时）］，取值 6.2006；12 表示假设每天的光合作用时间（小时）；365 表示全年天数（天）。这里的研究结果采用了杨士弘（2006）在《城市生态环境学》中的研究方法，核算出城市园林绿地碳汇能力。式（3.17）中涉及的数据来源于 2004~2016 年《中国城市建设统计年鉴》和《中国城市统计年鉴》。

综上，199 座地级及以上城市碳排放核算总量为

$$CC_{it} = TCE_{it} + TCT_{it} + WC_{it} + TCI_{it} - GC_{it} \qquad (3.18)$$

以上各项城市生产生活活动消耗的各种能源，其转换计算标准煤的系数参考《中国能源统计年鉴》中的附录"各种能源折标准煤参考系数"。

3.2.2　中国城镇碳排放量的变化

本小节以 199 座地级及以上城市为研究样本。2003~2015 年中国城市的碳排放量还在不断增加，并且碳排放量的大小基本与中国区域经济和社会发展水平的高低相关，即发展水平高的区域，能耗多碳排放量也大，如环渤海地区、长三角地区等；发展水平低的区域，能耗少碳排放量也少，如东北部地区、西北部地区等。

从表 3.9 也可看到 199 座地级及以上城市前五位城市和后五位城市的碳排放量的变化，碳排放量排名靠前的城市大多为发达地区经济和社会发展水平高的城市，如广州、南京、北京和上海等；排名后五位的城市多集中在中西部欠发达区域，如黑河、汉中、宿迁等，也有些是旅游城市，如三亚和张家界等。

---

① 叶面积指数是指单位土地面积上植物叶片总面积占土地面积的比例，本书参照的杨士弘的研究取值为 14.3888

表 3.9　2003～2015 年 199 座地级及以上城市碳排放量排位变化

项目	2003 年碳排放量排名	2007 年碳排放量排名	2011 年碳排放量排名	2015 年碳排放量排名
	广州市	南京市	南京市	上海市
	唐山市	上海市	上海市	广州市
前五位城市	西安市	北京市	北京市	北京市
	贵阳市	湘潭市	重庆市	东莞市
	西宁市	东莞市	广州市	南京市
	吴忠市	三亚市	黄冈市	三门峡市
	三亚市	张家界市	白城市	汉中市
后五位城市	宿迁市	广安市	张家界市	黄冈市
	张家界市	汉中市	汉中市	张家界市
	黑河市	黑河市	黑河市	黑河市

3.2.3　中国城镇碳排放强度的变化

本书从经济和社会发展角度考量城镇化发展与碳排放的影响关系及碳减排策略研究，因此需要考察碳排放对城镇化发展的直接抑制效应。本小节碳排放强度（CI）是衡量单位 GDP 的碳排放量，主要反映城镇化发展过程中能源使用经济效率和其逐渐与碳排放脱钩的趋势。这里用城市碳排放量（CC）/城市 GDP 来表示。

从图 3.6 可以看出，总体上碳排放强度在下降，中国城镇碳排放强度有明显的涨落周期。2003 年起由于环境规制增强，碳排放强度迅速下降，然后又上升至 2005 年出现峰值；接着从 2005 年到 2006 年迅速下降，从 2006 年到 2007 年一直维持在比较稳定的状态；继而，由于国际经济周期的影响，我国在 2008 年为了经济发展稳定而加大投资，重型工业和高耗能行业的发展，使碳排放强度再次达到峰值；从 2009 年开始，由于技术的发展和提升，能源利用效率有很大提高，碳排放强度呈下降趋势。

中国各区域城镇碳排放强度也基本符合这一趋势，并且遵循东部城市城镇碳排放强度最低，且变化幅度最小；东北部城市城镇次之，但是变化幅度比东部城市大；中部城市城镇比东北部城镇的碳排放强度略高一些，变化幅度相似；西部城市城镇碳排放强度最高，并且变化幅度最大。

图 3.6　2003～2015 年中国城镇碳排放强度分区域变化趋势

虽然中国城镇碳排放强度在持续下降，但总体上与其他主要国家和世界平均水平相比还有较大的差距，如图 3.7 所示。碳排放强度在一定程度上是由一个国家的发展阶段、经济发展水平、经济结构、能源利用水平、技术水平和管理水平等多种因素综合作用的结果。由图 3.7 可见，中国和印度的碳排放强度比其他 3 个发达国家高出许多，也高于世界平均水平。这与两国都属于人口大国，且其本身能源消费量大、经济增长方式粗放、能源利用结构不合理、各种清洁技术和设备落后、社会管理水平相对低下等分不开，从而导致单位 GDP 所产生的碳排放高于发达国家更高于世界平均水平。同时，目前的中国处于城镇化的快速发展阶段，这也成为影响碳排放强度的重要因素。

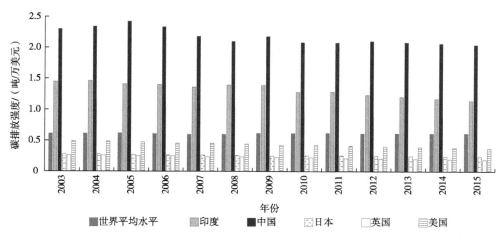

图 3.7　中国与世界平均水平和主要国家碳排放强度变化

3.2.4　中国城镇人均碳排放的变化

人类的行为与碳排放有密切的关系，前文综述部分已有论述（详见 2.2.2 小节）。本小节通过对 199 座地级及以上城市人均碳排放量的统计和计算，按照城市所在区域用图 3.8 展示 2003～2015 年中国城镇人均碳排放量分区域变化趋势。

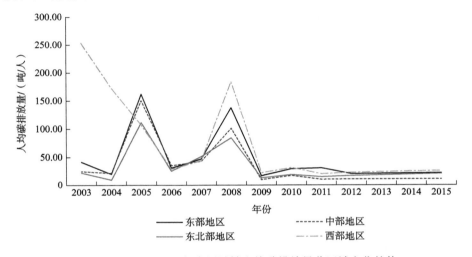

图 3.8　2003～2015 年中国城镇人均碳排放量分区域变化趋势

从图 3.8 中可以看出，从 2003～2015 年人均碳排放量有明显的变化周期。两个峰值分别出现在 2005 年前后和 2008 年前后。在 2005 年第一个峰值后，人均碳排放量迅速下降，并在下个峰值前温和地略有提高，这与 2003 年国家开始实行严格的环境规制政策有关，政策的调控作用显现；而第二个峰值在 2008 年出现，这与国家层面加大投资密切相关，此后，人均碳排放量一直保持在较低水平的稳定发展状态。

也可以在图 3.8 中看出 199 座地级及以上城市所在区域人均碳排放量的变化趋势。东部地区城镇人均碳排放量长期远高于中部地区和东北部地区，而在 2009 年以后，四个区域城镇人均碳排放量的差距缩小，这与东部地区调整经济发展方式，逐渐摒弃污染密集型产业有关，经济发展质量逐渐提升；而中部地区、西部地区和东北部地区作为落后产能产业转移的承接地，人均碳排放量仍缓慢增长。西部地区城镇人均碳排放量在 2003 年下降，在 2006 年大幅上升，直到 2008 年，而到了 2009 年与另外三个区域基本持平。

3.2.5　中国城镇碳排放效率的特征

1. 碳排放效率的定义与模型构建

碳排放效率是环境经济学研究的一个重要内容，但由于其复杂性，学术界对其一直未有权威性的定义。但从内涵上看，碳排放效率是探讨人类经济社会活动产生碳排放的同时带来的相关成效，从本质上是衡量碳排放产生能够带来的社会与经济效益。因此，提高碳排放效率是城镇化健康可持续发展的内在要求之一。

就具体概念而言，碳排放效率主要分为两类：第一类是单要素视角下的碳排放效率，通常表现为两个要素指标的比值。目前学术界通常采用碳排放强度、碳指数和碳生产率等指标来表征单要素碳排放效率（Shrestha et al.，2009；Fan et al.，2007；Mielnik and Goldemberg，1999；Ang，1999；Sun，2005；林善浪等，2013；吴晓华和李磊，2014），3.2.3 小节已对中国城镇碳排放强度的变化做梳理，可作参照。第二类是全要素视角下的碳排放效率，这种意义上的碳排放效率又称为碳排放综合效率（Reinhard et al.，2000；Zhou et al.，2010）或全要素碳排放效率（Jiang et al.，2010；徐永娇，2012）或碳排放生产率（Managi and Kaneko，2004）。从全面性和准确性的角度考虑，全要素碳排放效率是指在参考经济学投入产出理论的前提下，在资本、劳动投入不增加的前提下，所能得到的最大的经济产出和最少的碳排放。这里碳排放效率，既包含物理单位的碳排放，又包含以货币单位表征的经济产出。因此，本书的碳排放效率最重要的政策含义在于强调控制碳排放量的同时扩大产出的经济价值。

这里对碳排放效率的测度以环境生产技术为基础，基于 Chung 等（1995）的方向性距离函数，将碳排放作为生产过程中的非期望产出纳入生产集合，再综合运用 SBM（structure-based model，基于结构的模型）和 DEA 窗口模型测算 199 座地级及以上城市的碳排放效率及其变化情况。

考虑到一个包含四种要素的生产过程，劳动（L）和资本（K）是投入变量，GDP（Y）和碳排放（C）分别是期望产出变量和非期望产出变量。环境生产技术集合可以定义为

$$P(L,K) = \{(Y,C) : (L,K) \text{ can produce} (Y,C)\} \tag{3.19}$$

式（3.19）显示投入组合 (L,K) 可以生产 (Y,C)。在生产理论中，产出集合 $P(L,K)$ 被假设为有边界和封闭的，这些假设表明有限的投入仅可以生产有限的产出。另外，投入变量和期望产出被认为是强处置或可自由处置的，也就是说，如果 $(Y,C) \in P(L,K)$，并且 $(K',L') \geqslant (K,L)$，$Y' \leqslant Y$，则 $(Y,C) \in P(L',K')$，

$(Y', C) \in P(L, K)$。为了合理地模拟期望产出和非期望产出的联合生产过程，Färe 等（1989）提出如下两个假设。

（1）非期望产出是弱可处置的，也就是说，如果 $(Y, C) \in P(L, K)$，并且 $0 \leqslant \theta \leqslant 1$，则 $(\theta Y, \theta C) \in P(L, K)$。该假设意味着在固定的投入组合下，降低非期望产出也会带来期望产出的下降，也就是说，经济发展过程中降低碳排放是有代价的，碳减排的过程也会带来经济产出的下降。

（2）期望产出和非期望产出是有关联性的，也就是说，如果 $(Y, C) \in P(L, K)$，并且 $C = 0$，则 $Y = 0$。该假设意味着期望产出和非期望产出必然是相关联的，期望产出的生产必然伴随着非期望产出的生产，降低碳排放也必然伴随着生产活动的减少。模拟期望产出（Y）和非期望产出（C）联合生产的环境生产技术集合已经在概念上给以界定，但是还不能用于实证分析。通常的做法是采用非参数分析框架来模拟环境生产技术集合 P，在规模报酬不变的前提下，非参数环境生产技术集合可以用以下线性规划表示：

$$P = \Big\{ (L, K, Y, C) :$$
$$\sum_{i=1}^{I} z_i L_i \leqslant L$$
$$\sum_{i=1}^{I} z_i K_i \leqslant K$$
$$\sum_{i=1}^{I} z_i Y_i \geqslant Y \qquad (3.20)$$
$$\sum_{i=1}^{I} z_i C_i = C$$
$$z_i \geqslant 0, i = 1, 2, \cdots, I \Big\}$$

式中，z_i 表示强度变量，即构建生产技术前沿时分配给每个决策单元（DMU）的权重；i 表示具体的决策单元；(L_i, K_i, Y_i, C_i) 表示决策单元 i 的投入和产出值。碳排放（C）被设置成等式，这使非期望产出的生产技术满足弱可处置性和关联性假设。环境生产技术在能源和环境研究中已经获得了广泛的应用（Färe et al., 2007；Zhou et al., 2010, 2012；Yang et al., 2016）。

依据 Chung 等（1997），本书分析碳排放效率的方向性距离函数可以被定义为如下形式：

$$D_o(K, L; Y, C) = \sup \big((S_Y, S_C) : (Y + S_Y, C - S_C) \big) \qquad (3.21)$$

式中，D_o 表示可以实现期望产出的增长和非期望产出的降低。本小节使用 Tone（2001）提出的 SBM，这里的方向性距离函数可以实现期望产出的扩展和非期望产出的约束。

图 3.9 显示了 Shephard 距离函数、Chung 等（1997）的方向性距离函数和 SBM 方向性距离函数的具体情况。横轴表示非期望产出 C，纵轴表示期望产出 Y。A 点表示某决策单元现有产出水平 (Y_A, C_A)，A 点位于生产可能性边界上。在不同的产出距离函数下，A 点可以在生产前沿有不同的投影点，与之相应的是不同的期望产出和非期望产出组合。按照 Shephard 距离函数进行投影，A 点在生产前沿上对应的投影点是 $B_1(Y_1, C_1)$，它表示期望产出和非期望产出需要同比例增加，这与实际经济活动中要求经济增长与节能减排协调发展并不一致。当按照 Chung 等（1997）的方向性距离函数进行投影时，A 点在生产前沿上的投影点是 $B_2(Y_2, C_2)$，它表示期望产出增加的比例和非期望产出减少的比例是相同的，这虽然和经济增长与节能减排协调发展的目标一致，但是其对碳排放的约束的包容性较弱，或者说弹性变化比较固定。而 SBM 方向性距离函数就很好地解决了这一问题。当按照 SBM 方向性距离函数进行投影时，A 点在生产前沿上的投影点是 $B_3(Y_3, C_3)$，或者是 $B_4(Y_4, C_4)$，它表示期望产出增加的比例和非期望产出减少的比例不一致。

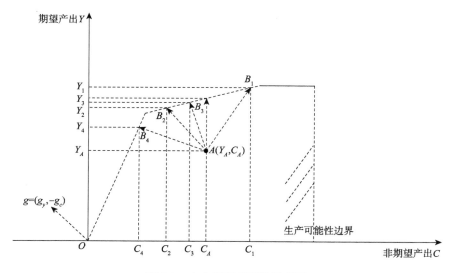

图 3.9　方向性距离函数示意图

由此 SBM 方向性距离函数对经济增长目标下的碳排放约束具有较高的包容性或者弹性变化，更能满足经济发展和节能减排的要求。基于 SBM 方向性距离函数，本书设定方向向量 $g = (S_Y, -S_C)$，式（3.21）可以转变为如下的线性规划式：

$$D_o = (K, L, Y, C; g)$$

$$= \max \frac{1}{1 + 1/2\left(S_{Y_j}/Y_j + S_{C_j}/C_j\right)}$$

$$\sum_{i=1}^{I} \lambda_i K_i \leqslant K_j$$

$$\sum_{i=1}^{I} \lambda_i L_i \leqslant L_j$$

$$\sum_{i=1}^{I} \lambda_i Y_i - S_{Y_j} \geqslant Y_j \qquad (3.22)$$

$$\sum_{i=1}^{I} \lambda_i C_i + S_{C_j} = C_j$$

$$\sum_{i=1}^{I} \lambda_i \leqslant 1, i = 1, 2, \cdots, I$$

$$S_{Y_j} \geqslant 0, S_{C_j} \geqslant 0$$

式中，投入变量 (K, L) 和期望产出（Y）的不等式表示这些变量是可以自由处置的，而非期望产出（C）等式表示非期望产出具有弱处置性。式（3.22）的目标是在方向向量的作用下，增加期望产出的同时尽可能地约束非期望产出和投入变量。

2. 中国城镇碳排放效率的测度

本小节主要测算2003～2015年中国199座地级及以上城市碳排放效率，采用DEA 方法测算的投入变量是资本（K）和劳动（L），产出变量包括期望产出地区生产总值（Y）和非期望产出碳排放（C）。资本（K）的计算采用永续盘存法，并以 2015 年为基期进行平减，劳动（L）采用每年年初从业人员数量和年底从业人员数量的平均值进行度量，Y 用各地区生产总值表示，碳排放（C）依照3.2.1 小节的方法进行核算。

因为城市较多，本小节无法一一展示，所以按照东部地区、西部地区、中部地区和东北部地区几个区域分别选择一些代表性的城市，对它们 2003～2015 年的碳排放效率进行分析。从表3.10可见这些城市所在的区域不同，它们的碳排放效率也有较大的差异。从总体上仍能看出经济和社会发展水平高的城市，其碳排放效率也高，如北京、上海、杭州、郑州、武汉等；而经济和社会发展水平低的城市，如沧州、盘锦、延安等，其碳排放效率也相对较低。这说明城市碳排放效率与城镇化水平、经济和社会发展等因素联系密切。

表 3.10　2003～2015 年部分城市碳排放效率

城市	2003 年	2004 年	2005 年	2006 年	2007 年	2008 年	2009 年
北京	0.609	0.713	0.864	0.828	0.837	0.847	0.896
邢台	0.818	0.735	0.725	0.878	0.850	1.000	0.785
沧州	0.534	0.520	0.554	0.542	0.502	0.546	0.705
辽阳	0.746	0.792	0.821	0.824	0.786	0.763	0.772
盘锦	0.737	0.588	1.000	0.732	0.708	0.625	0.568
上海	0.668	0.631	0.805	0.765	0.830	1.000	0.912
盐城	0.796	0.782	0.764	0.889	0.832	0.797	0.749
杭州	0.848	0.906	0.990	0.984	0.946	0.927	0.953
衢州	0.629	0.629	0.782	0.716	0.793	1.000	0.876
郑州	0.907	0.896	0.834	0.821	0.964	1.000	0.983
武汉	0.964	0.994	0.983	0.937	0.984	0.973	0.877
岳阳	0.669	1.000	1.000	0.873	0.904	1.000	0.766
重庆	0.843	0.872	0.971	0.879	0.826	0.760	0.812
延安	0.346	0.310	0.475	0.576	0.693	0.722	0.552

城市	2010 年	2011 年	2012 年	2013 年	2014 年	2015 年	均值
北京	0.924	0.924	0.946	0.983	0.991	0.975	0.869
邢台	0.810	1.000	0.970	0.818	0.854	0.919	0.864
沧州	0.902	0.986	1.000	0.967	0.705	1.000	0.750
辽阳	0.664	0.881	0.897	1.000	0.813	1.000	0.833
盘锦	0.781	0.901	0.876	1.000	0.774	0.969	0.797
上海	1.000	1.000	1.000	0.995	0.873	1.000	0.898
盐城	0.770	0.798	0.909	0.889	0.816	0.919	0.826
杭州	0.949	0.978	1.000	1.000	0.953	1.000	0.959
衢州	0.967	1.000	1.000	1.000	0.854	0.983	0.872
郑州	1.000	0.872	0.916	0.947	0.922	0.935	0.926
武汉	0.894	0.929	0.873	0.862	0.934	0.853	0.923
岳阳	0.852	0.741	0.935	0.916	0.878	0.933	0.882
重庆	0.809	1.000	0.903	0.840	0.865	0.871	0.866
延安	0.752	0.631	0.714	0.481	0.568	0.502	0.566

　　本节将 199 座地级及以上城市按照区域划分为四组，然后对城市碳排放效率按相应年份计算取均值，得到东部、中部、东北部和西部四个区域在 2003～2015 年的碳排放效率值，见图 3.10。从 2003 年到 2015 年四个区域的碳排放效率

整体都在提升，东部和中部地区城市的碳排放效率在大部分时间是高于东北部地区与西部地区的。这也说明了与经济和社会发展水平及城镇化发展紧密关联的技术因素也许是影响城镇碳排放效率的因素之一。

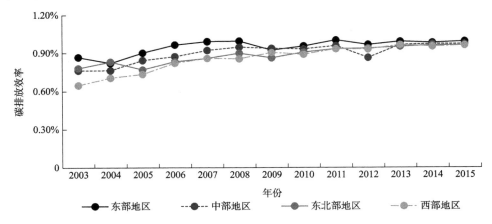

图 3.10　2003～2015 年 199 座地级及以上城市按照区域展示碳排放效率变化趋势

3.3　中国城镇化发展与碳排放间存在的问题

3.3.1　传统城镇化发展模式造成发展偏差

传统城镇化发展与碳排放的矛盾根源在于忽视两者的内在相互联系，把城镇化发展与碳排放等生态环境问题割裂开来，未能将两者纳入统一的发展框架中考虑，从而导致传统城镇化发展在发展理念和发展方式上出现偏差。在发展理念方面，传统城镇化重视发展速度、经济效益，忽视发展质量、资源环境所付出的代价；在面对人口转移和产业选择时，更多地把能否促进经济快速增长作为第一考量，较少考虑甚至不考虑资源和环境的承载能力，这给承载地的生态系统带来巨大压力。在发展方式方面，传统城镇化更多地依赖资源的粗放投入，经济的提升是以大量的资源和能源投入为代价的，资源和能源使用效率低下，造成大量的浪费和环境破坏，城镇化的集约优势并未得到充分发挥。

3.3.2　碳排放约束城镇发展和城镇质量提升

从 1978 年改革开放到 2018 年的 40 年间，中国经济和社会发展取得了举世瞩目的成就，GDP 保持在年均增长 10%上下，城镇常住人口增加了五亿多。然而这些成就的取得是以资源的大量消耗和生态环境的损害为代价的。

中国一些地区在城镇化发展过程中，以 GDP 增长为导向，盲目扩张，增加投资，不能因时因地引进适宜的产业和技术，导致一些高投入、高能耗、低产出、高排放的产业重复建设。虽然在短时期内有着斐然的发展成绩，但是这种粗放的资源利用方式和发展方式会造成城镇化发展效率低下、质量差。

高能耗、高排放的发展方式导致城镇化直接成本、间接成本上升，降低了整体社会的福利水平。城镇居民应该享有的绿色、健康生活环境的权益受到侵害，各种医疗成本、工作成本等相应提高，由此产生的社会不和谐问题极大地影响城镇的包容性，阻碍着城镇的可持续、高质量发展。

3.3.3　碳排放导致城镇生态环境恶化

碳排放问题的实质是发展问题，在发展过程中能源利用结构直接决定了碳排放量。而中国现有的能源结构以化石能源为主，传统的化石能源，如煤炭、石油、天然气的使用量占能源消费总量的 90%以上。以发电为例，单位燃烧煤炭产生的 CO_2 是石油的 1.3 倍，而中国煤炭的资源和价格优势，使中国现阶段仍将保持以煤炭为主的能源消费结构（蔡昉等，2008）。由此可见，能源利用结构所产生的碳排放进一步加重了生态环境的负担。

城镇是聚集了大量人口、经济、科技、文化和资源的空间系统，其能源使用量大且集中；同时，由于城镇的建设和发展，碳源和碳汇发生了重大改变。由此，碳排放造成的生态环境问题，在城镇表现得尤为突出。近年来各大城市群频繁出现的雾霾问题，对经济运行、生产活动和日常生活都产生了极大的消极影响。

城镇生态环境恶化带来的损失不仅表现在经济发展上，还为城镇的社会发展带来阻碍，主要的表现就是相关疾病的频发和死亡率的上升。生态环境恶化损害了居民健康，也带来了巨大的经济损失，如降低工作人口的出勤率，进而影响生产率。在污染严重的地区甚至出现影响移民决定、人才外流等问题。

目前，中国是世界上最大的发展中国家，也是温室气体排放量最大的国家，中国的碳排放问题和节能减排进程一直受到世界的广泛关注。在一系列国际规则和规范的框架下（详见第 1 章 1.2.3 小节），中国政府在哥本哈根气候变化会议领导人会议上郑重承诺，"到 2020 年单位国内生产总值二氧化碳排放比 2005 年下降 40%~45%""我们的减排目标将作为约束性指标纳入国民经济和社会发展的中长期规划"。中国在国际上做出的应对减排压力的一系列积极回应，不仅展现了中国负责任大国的国际形象，更深层地说明了中国自身的内部发展迫切需要转型。

3.4　本 章 小 结

　　本章对中国城镇化与碳排放的发展现状、变化及问题进行了分析。中国城镇化的发展水平与处于同一发展阶段和收入水平的国家相比都相对落后；同时与本国的工业化水平、非农化水平相比也较滞后；而结合中国城镇化目前所处的发展阶段，中国城镇化的发展速度基本是合理的；但是参照发展质量评价，中国城镇化发展在追求速度的同时，亟待提升城镇化质量；运用综合评价方法对城镇化的发展状况进行评价，发现新型城镇化与人口城镇化在 2003～2015 年的变化趋势也基本一致；结合综合测度指标，基于主成分分析法将研究的 199 座地级及以上城市聚类分为三类，这也为后面深入分析城镇化发展与碳排放的作用关系提供了依据。

　　而在对中国城镇碳排放的现状的分析中，本章先解释了城镇层面碳排放的核算方法；在此基础上，发现中国城镇碳排放量逐年增加；中国城镇碳排放强度则是不断降低，但相较世界平均水平还是偏高；中国城镇人均碳排放量有明显的变化周期，但整体趋势是在降低；中国城镇碳排放效率整体是有提升的，同时四个区域碳排放效率的差距在逐步缩小。

　　在对城镇化与城镇碳排放发展现状进行总结的基础上，本章发现了传统城镇化发展模式造成发展偏差，这一问题产生的根源就是忽视城镇化发展与碳排放的内在联系，将城镇化与碳排放等一系列资源环境问题对立割裂开来，没有系统考虑和安排城镇化的发展方式，从而导致城镇化发展进程出现偏差。同时，传统发展模式下的碳排放对中国城镇化发展产生了制约：一方面表现为碳排放约束城镇发展和城镇质量提升；另一方面表现为碳排放导致城镇生态环境恶化。

第4章 城镇化发展对碳排放的作用研究

2.3 节已就城镇化对碳排放的作用做了梳理，其理论基础主要包含：生态现代化理论（ecological modernization theory）、城市环境转变理论（urban environmental transition theory）和紧凑城市理论（compact city theory）。生态现代化理论主要从国家层面上解释城镇化对环境变化的影响；城市环境转变理论则认为城市在不同发展阶段面临着不同的环境问题；紧凑城市理论主要讨论城市紧凑发展的环境效益（Poumanyvong and Kaneko，2010）。在此理论基础上本章从直接作用和间接作用两方面，研究中国城镇化发展对碳排放的内在作用。

4.1 城镇化发展对碳排放的直接作用

城镇化是影响碳排放的决定性因素之一。城镇化发展对碳排放的直接影响主要通过人口规模、经济发展水平和技术水平等因素，如图 4.1 所示，可以清晰直观地了解到城镇化发展对碳排放的直接作用，本节运用 STIRPAT 模型研究。

4.1.1 STIRPAT 模型构建与分析

1. 模型构建

学者们研究社会发展对环境的影响问题多采用 STIRPAT 模型。STIRPAT 模型源于 Ehrlich 和 Holdren（1971）提出的 IPAT 恒等式，他们认为，技术水平的提高是改善环境质量的主要手段之一，环境管理政策的缺位、人口的快速增长及人均收入的提高成为环境恶化的主要原因。IPAT 恒等式表示为

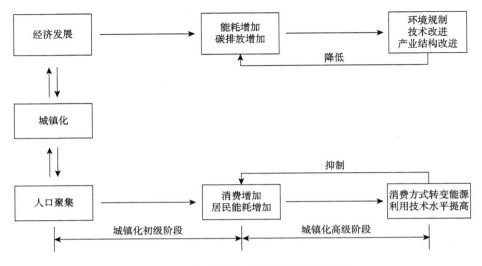

图 4.1　城镇化发展对碳排放的直接作用

$$I = PAT \qquad (4.1)$$

式中，I 以环境压力表示，如资源、能耗、废物排放等；P 以人口数表示；A 表示经济发展水平，以人均 GDP 表示；T 表示技术指标，以 GDP 形成的环境指标表示。IPAT 恒等式认为，I 与各驱动力间构成 1∶1 的关系，即 P、A、T 发生 1% 的变化均会引起 I 1% 的变化。但是这个模型有两个缺点：第一，它只是一个数学表达式，并不能直接用于测算每个因子对环境的影响；第二，IPAT 恒等式的前提假设是人口数、经济发展水平和技术的环境影响弹性是单一的，这明显不符合实际。因此，York 等（2003）根据实际应用，对 IPAT 恒等式进行了改进和拓展，提出了人口数、经济发展水平和技术环境随机影响的 STRIPAT 模型，表达式为

$$I = aP^b A^c T^d \varepsilon \qquad (4.2)$$

式中，I、P、A、T 仍旧表示环境压力、人口数、经济发展水平和技术指标；a 表示模型系数；b、c、d 分别表示人口数、经济发展水平、技术指标等参数的指数；ε 表示模型误差。这里当 $a=b=c=d=\varepsilon$ 时，STRIPAT 模型即为 IPAT 恒等式（Rosa et al., 2004）。为了在实际研究中，通过回归分析确定相关参数，通常对式（4.2）取对数：

$$\ln I = f + b\ln P + c\ln A + d\ln T + g \qquad (4.3)$$

式中，f、g 分别表示 a、ε 的对数值；b、c、d 表示弹性系数，即当 P、A、T 每变化 1% 时，则引起 I b%、c%、d% 的变化。

2. 城镇化发展与碳排放数据的关联性分析

城镇化发展相关数据参照 3.1.3 小节，指城镇化发展水平综合测度；城镇层面碳

排放数据计算参照 3.2.1 小节，数据范围为 2003～2015 年 199 座地级及以上城市的相关数据。

本小节关于城镇化与碳排放的关系研究，是在第 3 章中对城镇化综合发展水平和中国城镇碳排放的研究基础上展开。借助 Stata 14.1，采用普通最小二乘法（ordinary least square，OLS）对 2003～2015 年 199 座地级及以上城市的城镇化综合发展水平与碳排放做面板回归分析，可得 $R^2=0.9536$。由此可以看出，在这个时间段，城市的城镇化综合发展水平与碳排放量呈高度关联性，且城镇化发展所导致的碳排放正向效应显著。

4.1.2　城镇化发展对碳排放的直接影响效应测度

1. 构建城镇化发展碳排放效应模型

这里借鉴式（4.2），构建碳排放驱动因素随机模型：

$$C = aP^b A^c T^d CL^e \varepsilon \tag{4.4}$$

为使面板回归能够确定有关参数，对式（4.4）两边取对数，得

$$\ln C = f + b\ln P + c\ln A + d\ln T + e\ln CL + g \tag{4.5}$$

式中，C 表示碳排放量；f 表示 a 的对数值；P 表示人口数；A 表示经济发展水平，用人均 GDP 表示；T 表示技术指标，以单位 GDP 碳排放量表示；CL 表示城镇化水平；b、c、d、e 表示弹性系数，即当 P、A、T、CL 每变化 1%时，分别引起 C 的 b%、c%、d%、e%的变化；g 表示模型随机项，表示影响碳排放的其他因素，如产业结构调整、环境规制和政策因素等。

这里对原始数据进行标准化，分别得到 SC 与 SP、SA、ST、SCL。然后应用面板数据分别对 SC 与 SP、SA、ST、SCL 间做相关性分析，得到它们的相关系数分别为 0.934、0.963、-0.966、0.935，且显著性检验都在 1%以下，由此可看出碳排放与人口数、人均 GDP 和城镇化水平呈显著正相关，而与单位 GDP 碳排放量呈显著负相关。

2. 确定城镇化发展碳排放效应弹性系数

在相关数据标准化的基础上，本节对驱动因子进行主成分分析，可得到表 4.1，这里 SA、SP、ST、SCL 分别代表 A、P、T、CL。

表 4.1　对驱动因子的主成分分析

主成分	特征值	方差贡献率	累计贡献率
SA	1.747 000	0.758 062	0.436 8
SP	0.988 942	0.245 860	0.884 0

主成分	特征值	方差贡献率	累计贡献率
ST	0.743 082	0.222 109	0.929 8
SCL	0.520 973	—	1.000 0

从表 4.1 看到，前两个特征值的累计贡献率已达 88.40%，说明前两个主成分基本包含了全部指标具有的信息，我们取前两个特征值。通过对载荷矩阵进行旋转，可得到相应的特征向量，见表 4.2。

表 4.2　前两个特征值向量矩阵

主成分	分值 1	分值 2
SA	0.5668	0.0219
SP	0.5293	0.0339
ST	−0.1643	0.9762
SCL	0.6096	0.2132

通过表 4.2，可得前两个主成分综合变量为

$$F_1 = 0.5668SA + 0.5293SP - 0.1643ST + 0.6096SCL \tag{4.6}$$
$$F_2 = 0.0219SA + 0.0339SP + 0.9762ST + 0.2132SCL \tag{4.7}$$

通过前两个主成分分析，我们可以进行检验以验证我们的分析效果，运用 KMO 检验和 SMC（squared multiple correlation，平方多重相关）检验，可以得到表 4.3 的结果。

表 4.3　解释变量的 KMO 值与 SMC 值表

变量	KMO 值	SMC 值
SA	0.6202	0.9107
SP	0.6630	0.8613
ST	0.5378	0.9173
SCL	0.5809	0.9711

KMO 既用于对抽样样本的充分性测度，也可用于测量变量之间相关关系的强弱，主要通过比较两个变量的相关系数与偏相关系数得到。KMO 值介于 0~1，KMO 值越高，则说明变量间有比较高的共性。根据 Kaiser 和 Rice（1974）的研究发现，KMO 值有如下的判断标准：0.00~0.49，不能接受；0.50~0.59，非常差；0.60~0.69，勉强接受；0.70~0.79，可以接受；0.80~0.89，比较好；0.90~1.00，非常好。

SMC 表示一个变量与其他所有变量的复相关系数的平方。SMC 值越高表明变量的线性关系越强，共性越强，主成分分析就越合适。根据 KMO 值越高，表

明变量的共性越强，主成分分析就越合适，从表 4.3 可以看出，各变量基本符合要求。

3. 综合变量与碳排放的面板回归分析

根据式（4.6）和式（4.7），本节可以创建关于 F_1 和 F_2 的面板数据。SC 为被解释变量，F_1 和 F_2 作为解释变量，被代入 Stata 14.1 应用两阶最小二乘法做回归分析，可得 $R^2=0.932$，模型系数见表 4.4。

表 4.4　关于 F_1 和 F_2 模型系数

变量	系数	t 检验	Sig.
F_1	0.536	26.537	0.000
F_2	0.782	16.841	0.000
常数项	—	9.263×10^{-13}	1.000

由表 4.4 模型系数可得变量 F_1 和 F_2 与因变量 SC 的方程，如式（4.8）所示。其中，常数项 t 检验的值为 1，予以剔除。F_1 和 F_2 回归系数的检验值分别为 26.537 和 16.841。这时，SC 可用式（4.8）表示：

$$SC = 0.536F_1 + 0.782F_2 \qquad (4.8)$$

然后，将式（4.6）和式（4.7）代入式（4.8）可得

$$SC = 0.321SA + 0.310SP + 0.675ST + 0.493SCL \qquad (4.9)$$

进而，根据标准化公式，对式（4.9）还原取对数，可得式（4.10）：

$$\ln C = K + 0.185\ln A + 3.164\ln P - 0.478\ln T + 0.219\ln CL \qquad (4.10)$$

式中，K 表示常数，将对数函数还原可得式（4.11）：

$$C = KA^{0.185}P^{3.164}T^{-0.478}CL^{0.219} \qquad (4.11)$$

由式（4.11）可知，代表经济发展水平的 A、代表人口数的 P 和代表城镇化水平的 CL 对碳排放的弹性系数分别为 0.185、3.164 和 0.219，这表示当人均 GDP、人口数和城镇化水平每增加 1%，相应的碳排放量将分别增加 0.185%、3.164% 和 0.219%。由此可得出，经济增长、人口增加和城镇化发展，对本书研究的 2003～2015 年的 199 座地级及以上城市的碳排放量而言有增量效应，是驱动因素。而代表单位 GDP 碳排放量的技术指标的弹性系数为-0.478，这表明碳排放强度对碳排放量具有减量效应，控制碳排放强度成为减少碳排放量的重要途径。

4.2　城镇化发展对碳排放的间接作用

4.1 节研究了城镇化发展对碳排放的直接作用，主要从人口增加、经济增长

等方面展开。本节关于城镇化发展对碳排放的间接作用，则主要通过研究城镇化发展所产生的规模效应、结构效应和技术效应对碳排放的间接传导影响展开（图4.2）。

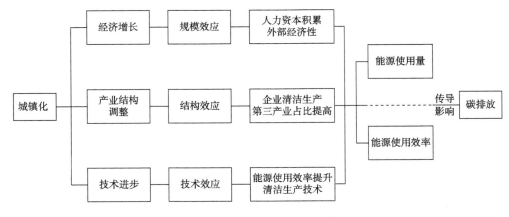

图 4.2　城镇化发展对碳排放的间接作用

4.2.1　模型构建与指标选取及数据说明

已有的关于城镇化发展对生态环境影响的规模效应、结构效应和技术效应的研究多从产值、份额及污染强度等三个方面展开，并且研究通常认为规模效应会增加污染物的排放，而结构效应和技术效应多利于污染物的减排并产生积极的影响。然而这一结论与现实不符，如规模效应有利于人力资本积累，相较物质资本的投入，明显能够减少污染物的排放。因此，本小节借鉴林永生和马洪立（2013）的研究，重新诠释规模效应、结构效应和技术效应，从变量的变化率角度定义这三个效应。这一方面能够消除单位不统一的影响，另一方面能够重新审视这三个效应对碳排放造成的影响。

1. 模型构建

碳排放增加量等于经济增加值乘以碳排放强度，见式（4.12）：

$$C = V \times \theta \tag{4.12}$$

式中，C、V 和 θ 分别表示碳排放增加量、经济增加值和碳排放强度。为了能够把结构因素也能纳入模型，这里对经济增加值 V 进行分解，如式（4.13）所示：

$$V = \text{GDP} \times V / \text{GDP} = \text{GDP} \times \lambda \tag{4.13}$$

式中，λ 表示经济增加值占 GDP 的份额，将式（4.13）代入式（4.12）可得

$$C = \text{GDP} \times \lambda \times \theta \tag{4.14}$$

如果要分解出碳排放量的具体影响因素，需要对式（4.14）进行全微分，如式（4.15）所示：

$$dC = \theta \times \lambda \times dGDP + GDP \times \theta \times d\lambda + GDP \times \lambda \times d\theta \qquad (4.15)$$

式中，dC、$dGDP$、$d\lambda$、$d\theta$ 分别表示碳排放量增加量的变化量、GDP 的变化量、经济增加值占 GDP 的份额（经济结构）的变化量、碳排放强度的变化量。也就是说降低碳排放量的难度受 GDP、经济增加值占 GDP 的份额和碳排放强度三个变量变化幅度的影响。在其他条件保持不变的情况下：GDP 的增长或减少反映整个经济规模的变化情况，经济衰退时往往预示着大量企业倒闭或减产，这样能耗减少，碳排放量也相应降低；经济增加值占 GDP 的份额的变化反映了经济结构的调整，尤其表现在第二产业和第三产业，当第三产业发达时，就意味着第二产业占比减少，这样的经济结构相对轻型化，也会减少能耗量，从而减少碳排放；碳排放强度的变化反映了 GDP 的增长是依靠高效清洁生产和节能环保技术进步推动的，GDP 的增长与碳排放量呈现负相关关系。通过上文的分析，书中 GDP 的变化量、经济结构的变化量、碳排放强度的变化量对碳排放的影响，分别被称为规模效应、结构效应、技术效应。

同时，为了消除式（4.15）中变量单位不统一的问题，本小节拟采用变量变化率的数据。具体操作为在式（4.15）两边同时除以式（4.14），这时可得式（4.16）：

$$\frac{dC}{C} = \frac{dGDP}{GDP} + \frac{d\lambda}{\lambda} + \frac{d\theta}{\theta} \qquad (4.16)$$

从式（4.16）可以得出，碳排放量的变化率在数量上等于规模效应、结构效应、技术效应三者之和。

对式（4.16）设定回归模型，也就是验证过去11年间（2003～2015年）中国城镇化发展的规模效应、结构效应和技术效应分别能够在多大程度上影响碳排放量，见式（4.17）：

$$y_{it} = \beta_{0i} + \beta_1 x_{1it} + \beta_2 x_{2it} + \beta_3 x_{3it} + \varepsilon_{it} \ (i = 1, 2, \cdots, N; \ t = 1, 2, \cdots, M) \qquad (4.17)$$

式中，i 表示城市；t 表示时间；y_{it} 表示被解释变量碳排放量的变化量；x_{1it}、x_{2it}、x_{3it} 表示解释变量，分别代表规模效应（实际 GDP 的变化率）、结构效应（经济结构的变化率）、技术效应（碳排放强度的变化率）；β_{0i} 表示截距项；ε_{it} 表示随机误差项；β_1、β_2、β_3 分别表示规模效应、结构效应、技术效应对碳排放的边际贡献份额；N 表示研究的样本数；M 表示观察期总数。

这里的模型为避免横截面的异方差和序列的自相关性，本小节需要对模型做 Likelihood（似然比）检验和 Hausman（豪斯曼）检验。Likelihood 检验对常截距模型和变截距模型进行判定，这里需选择变截距模型；而 Hausman 检验则主要针对固定效应模型和随机效应模型的设定进行检验，如果概率较小就选择固定效应模型，相反就选择随机效应模型，见表 4.5。

表 4.5　模型检验结果

Likelihood 检验		Hausman 检验	
R^2 值	F 值	R^2 值	F 值
0.955	3503.279[***]（0.000）	0.888	70.871[***]（0.002）
结论：变截距模型		结论：固定效应模型	

[***]表示在 1% 的水平上显著

根据检验结果，建立城镇化发展对碳排放影响效应的固定效应模型。

2. 指标选取和数据说明

本小节仍以 2003～2015 年 199 座地级及以上城市为研究样本和研究范围。碳排放量的选取仍沿用第 3 章关于城镇碳排放量的核算数据；GDP 采用 199 座地级及以上城市的 GDP 数据；经济结构用产业结构来代替；碳排放强度以单位 GDP 的碳排放量衡量。

4.2.2　城镇化发展对碳排放间接传导作用的实证分析

根据式（4.17）的静态面板数据模型，本小节应用 EViews 9.0 软件进行处理。

1. 静态面板数据单位根检验与协整检验

先对 2003～2015 年 199 座地级及以上城市相关的面板数据进行稳定性检验和协整检验。由于本小节变量的数据多为宏观经济数据，这类数据自身具有非平稳性，为了避免"伪回归"现象的发生，本小节需要对面板数据进行单位根检验，以保证其在时间序列上的平稳性。对其检验的方法较多，为了保证检验结果的可靠性和科学性，本节对其运用 LLC（Levin-Lin-Chu）面板单位根检验、IPS（Im-Pesaran-Shin）面板单位根检验和不同根情形下的 Fisher-ADF（Fisher-augmented Dickey-Fuller）单位根检验、Fisher-PP（Fisher-Phillips-Perron）单位根检验四种方法来进行单位根检验，结果需满足各变量为同阶单整才可进行协整检验。

协整检验主要是检验变量之间是否存在长期的均衡关系。面板数据协整方法在大多时候多运用 Pedroni（1999）提出的面板数据协整方法，主要包括维度内检验构造的四个面板统计量和维度间检验构造的三组统计量。但是本书结合考察的数据时间序列有较短的特征，采用多在小样本情况下运用效果较好的 panel ADF 和 group ADF 检验。同时，为了使检验结果更为稳健，采用 panel PP、group PP 及 Kao 和 Chiang（2001）提出的面板数据协整检验方法。

本小节应用 EViews 9.0 软件对 2003～2015 年 199 座地级及以上城市相关的

面板数据进行的稳定性检验结果，如表 4.6 所示。多种检验方法显示四个变量的水平值无法拒绝原假设，即四个变量的水平值存在单位根，为非平稳序列；而四个变量的一阶差分均在 1%的显著性水平上拒绝原假设。因此，y_{it}、x_{1it}、x_{2it}、x_{3it} 均为一阶单整的 I（1）序列，可继续进行协整分析。

表 4.6　静态面板数据单位根检验结果

统计量及检验	y		x_1		x_2		x_3	
	le-V	FD	le-V	FD	le-V	FD	le-V	FD
LLC	−26.833**	−40.314***	−25.042*	−57.586***	−39.559	−88.540***	−39.488	−55.265***
	（0.014）	（0.000）	（0.043）	（0.000）	（0.758）	（0.000）	（0.792）	（0.000）
IPS	−13.124	−25.017***	−18.111	−31.860***	−22.532	−45.892***	−19.159	−29.708***
	（0.108）	（0.000）	（0.586）	（0.000）	（0.946）	（0.000）	（0.743）	（0.000）
Fisher-ADF	839.201*	1458.35***	1062.30	1774.65***	1341.88	2309.80***	1111.66	1665.41***
	（0.051）	（0.000）	（0.682）	（0.000）	（0.979）	（0.000）	（0.847）	（0.000）
Fisher-PP	838.887**	2098.21***	1107.63	1986.97***	1649.86	3227.02***	1347.60	2865.57***
	（0.013）	（0.000）	（0.896）	（0.000）	（0.948）	（0.000）	（0.932）	（0.000）

注：限于格式关系，这里用 le-V 表示水平值，FD 表示一阶差分
*、**、***分别表示在 10%、5%、1%的显著性水平上拒绝原假设；零假设为序列存在一个单位根

　　根据单位根检验，变量虽然表现出不平稳性，但均是同阶单整序列。因此，本节可继续运用 Pedroni 检验和 Kao 检验，对 2003～2015 年 199 座地级及以上城市各变量间是否存在长期的协整关系进行检验，结果如表 4.7 所示。

表 4.7　静态面板数据协整检验结果

检验方法	检验假设	统计量名	统计量（p 值）
Kao 检验	H$_0$: 不存在协整关系	ADF	−1.695***
	（ρ=0）		（0.006）
	H$_0$: ρ_i=1	panel PP	−0.552***
			（0.002）
	H$_1$: （$\rho_i=\rho$）< 1	panel ADF	−2.195***
			（0.000）
Pedroni 检验	H$_0$: ρ_i=1	group PP	−1.722***
			（0.000）
	H$_1$: ρ_i< 1	group ADF	−1.253***
			（0.005）

注：ρ_i 为对应第 i 个截面个体的残差自回归系数
***表示在 1%的显著性水平上拒绝原假设

由表 4.7 可知，四个统计量均在 1%的显著性水平上拒绝原假设，本小节可认为 199 座地级及以上城市的碳排放量与规模效应、结构效应、技术效应之间存在长期均衡关系。

2. 回归结果分析

本小节对静态面板数据进行固定效应模型回归分析，可得表 4.8。

表 4.8　静态面板固定效应模型回归结果

因素	系数	标准误	t 统计量	p 值
c	−16.557***	1.171	−14.142	0.000
x_1	0.281***	0.011	24.735	0.000
x_2	0.021**	0.009	2.395	0.017
x_3	0.965***	0.008	121.200	0.000
R^2	0.960	D-W 统计量		1.645

、*分别表示在 5%、1%的水平上显著相关

从回归结果可以看出，规模效应、结构效应和技术效应均对碳排放量有显著影响，相较而言技术效应影响程度最大，规模效应次之，结构效应最小。同时，R^2 的值为 0.960，十分接近理想值 1，说明这三大效应可以解释城镇碳排放量的96%，原因是其他影响因素，如对外贸易、政策变量等未被本模型纳入，因此，解释水平不可能达到 1。D-W 统计量值为 1.645，较接近理想水平 2，说明模型不存在一阶自相关，模型的说服力较强。综上所述，模型的检验结果基本上是理想的。根据样本城市的实证分析，中国城镇化发展对碳排放的影响在目前最为突出的是技术因素。

3. "发达城市"、"中等发达城市"和"一般城市"的城镇化发展对碳排放的间接影响效应分析

按照前面的检验和回归方法，本小节参照第 3 章 3.1.4 小节的分类将 199 座地级及以上城市分为三组，据此对规模效应、结构效应和技术效应做实证分析，可得结果如表 4.9～表 4.11 所示。

表 4.9　"发达城市"的固定效应模型回归结果

因素	系数	标准误	t 统计量	p 值
c	−13.819***	2.946	−4.691	0.000
x_1	0.186***	0.037	5.018	0.000

续表

因素	系数	标准误	t 统计量	p 值
x_2	0.020^{**}	0.019	1.067	0.028
x_3	0.974^{***}	0.010	92.785	0.000
R^2	0.993		D-W 统计量	2.000

$**$、$***$分别表示在 5%、1%的水平上显著相关

表 4.10　"中等发达城市"的固定效应模型回归结果

因素	系数	标准误	t 统计量	p 值
c	-15.096^{***}	3.552	-4.250	0.000
x_1	0.353^{***}	0.033	10.643	0.000
x_2	0.013^{**}	0.023	0.540	0.048
x_3	0.890^{***}	0.023	37.891	0.000
R^2	0.941		D-W 统计量	1.661

$**$、$***$分别表示在 5%、1%的水平上显著相关

表 4.11　"一般城市"的固定效应模型回归结果

因素	系数	标准误	t 统计量	p 值
c	-16.605^{***}	1.313	-12.646	0.000
x_1	0.467^{***}	0.012	21.521	0.000
x_2	0.012^{**}	0.010	2.533	0.011
x_3	0.780^{***}	0.009	104.913	0.000
R^2	0.962		D-W 统计量	1.613

$**$、$***$分别表示在 5%、1%的水平上显著相关

　　从表 4.9~表 4.11 的回归结果可知，三组城市的固定效应模型的回归结果 R^2 值分别为 0.993、0.941、0.962，十分接近理想值 1；D-W 统计量值分别为 2.000、1.661、1.613，较接近理想水平 2。以上说明模型的检验结果基本上是理想的。

　　进一步分析城镇化发展对碳排放的影响效应，三组城市都表现为技术效应最强，规模效应次之，结构效应最弱，见图 4.3。但从影响程度来看，规模效应在"一般城市"中占比最大，其次是"中等发达城市"和"发达城市"，这说明规模效应产生的碳排放在"一般城市"中表现最为明显；结构效应在"发达城市"中占比最大，其次是"中等发达城市"和"一般城市"，这说明近几年的产业转移和产业结构调整政策，在"发达城市"中影响最大；技术效应在"发达城

市"中占比最大，其次是"中等发达城市"和"一般城市"，这说明"发达城市"的碳排放受技术效应的影响最大，技术效应在"发达城市"中对碳排放的作用程度是最深刻的。

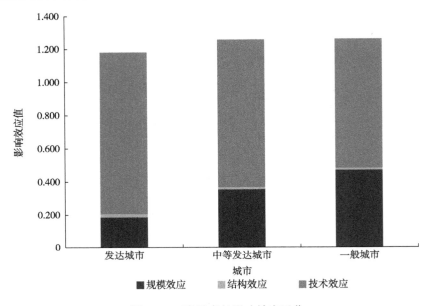

图 4.3　三类城市的影响效应区分

4.3　本 章 小 结

　　本章分析了城镇化发展对碳排放的影响和效应，以 2003～2015 年中国 199 座地级及以上城市为研究样本，分别从直接作用和间接作用两个方面分析。先采用 STIRPAT 模型从经济发展水平、人口数、碳排放强度和城镇化水平几个方面对碳排放量的驱动力进行分析与测度，结果发现在城镇化发展过程中，经济增长、人口增加和城镇化发展对碳排放量具有增量效应；碳排放强度对碳排放量具有减量效应；人口数对碳排放量的增量效应最大，碳排放强度次之，然后是城镇化水平、经济发展水平。而关于城镇化发展对碳排放的间接作用则从城镇化发展所产生的规模效应、结构效应和技术效应三个方面分析，结果显示三者对碳排放的影响显著，达到解释量的 96%；相较而言技术效应影响程度最大，规模效应次之，结构效应最小。然后按照第 3 章 3.1.4 小节对 199 座地级及以上城市的分类分别对三个效应的影响程度展开分析，总体上看，三个效应对碳排放的影响大小与整体回归结果一致，即技术效应影响程度最大，规模效应次之，结构效应最小。

但是分别对三个效应分析发现，规模效应在"一般城市"中对碳排放的影响程度最大，结构效应在"发达城市"中对碳排放的影响程度最大，技术效应也在"发达城市"中对碳排放的影响程度最大。

第 5 章　碳排放对城镇化发展的影响作用研究

本章分析碳排放对城镇化发展的影响作用，其作用主要体现在约束作用和经济作用两个方面。约束作用一方面表现在碳排放带来国际社会的压力和国内发展对生态环境的需求，而影响城镇化进程；另一方面则从"尾效"角度分析碳排放对城镇化发展的约束。而经济作用则从碳排放是城镇经济活动的非期望产出、碳排放为城镇发展带来负外部性及碳排放对整体经济增长的影响三个方面展开分析。

5.1　碳排放对城镇化发展的约束作用

本节聚焦碳排放对城镇化发展的约束作用，研究从两个方面展开：从现实发展的角度来论述碳排放对城镇化发展带来的压力与负面影响；再以 199 座地级及以上城市为研究样本从实证角度分析碳排放为城镇化发展带来的"尾效"。

5.1.1　国际社会的压力与国内发展的需求

结合 3.1 节关于城镇化发展现状的研究，并与世界主要国家城镇化的发展历程比较可知，中国目前的城镇化进程不仅规模大，而且处于快速发展期。这一阶段的碳排放总量也随之不断攀升，而由碳排放带来的气候、环境及发展压力等问题也对城镇化发展造成了巨大的负面影响。

1. 国际社会的减排压力

温室气体的大量排放主要来源于人类的生活和生产活动，而第一次工业革命中蒸汽机的发明和使用，推动和加快了这一步伐，进而带来了全球性的气候变化。IPCC 的研究报告指出，人类活动对全球气候变暖造成的影响占到 90%。而气候变化的后果就是厄尔尼诺现象、极端天气等频发，严重威胁人类的生产和生活活动，并带来巨大的损失。有学者研究发现异常极端天气现象对人类社会造成的损失从 20 世纪 50 年代的每年约 40 亿美元急速上升至 90 年代的每年约 400 亿美元（杨芳，2013）。

世界各国和全球性组织关注到了由碳排放带来的气候变化问题，并认识到其潜在的危害是灾难性的。一系列的国际合作逐步达成，从《京都议定书》到《哥本哈根协议》，再到第 21 届联合国气候变化大会的《巴黎协定》，主旨都是通过国际范围内的广泛共同参与，将全球温度的上升幅度控制在工业革命前的 2 摄氏度以内。相关的科学研究也显示，如果要阻止气候进一步变化，那么到 2050 年全球碳排放量需要下降到 1990 年排放量的 20%（EPA，2016）。

根据相关学者的估算，从 19 世纪 50 年代到 2050 年近 200 年间，全球温室气体的排放空间在 2.2 万吨左右。如果以 2005 年的人口作为计算基数，人均历史累积碳排放量大约为每年 2.33 吨（潘家华，2012）。随着城镇化进程的加快，中国的人均碳排放量也急剧上升。在一系列国际规则的规范下，作为负责任的大国，中国面临着来自国际社会越来越重的减排压力。在此背景下，中国政府做出承诺，"到 2020 年单位国内生产总值二氧化碳排放比 2005 年下降 40%～45%""我们的减排目标将作为约束性指标纳入国民经济和社会发展的中长期规划"。中国目前处于城镇化快速发展阶段，这与世界上大多数发达国家已经完成城镇化和工业化进程的现状不同，减排压力有可能导致中国城镇化进程减速。

2. 国内环境治理需求

3.3 节论述了碳排放约束城镇发展和城镇质量提升，并导致城镇生态环境恶化，这里不再展开论述。本小节从伴随碳排放而来的环境污染、极端气候事件等方面论述国内环境治理需求约束城镇化发展。

碳排放量的增长来源于化石能源的大量消耗和高耗能产业的迅猛发展，在这一过程中严重的环境污染问题也相伴而来，这在人口密集的城镇地区表现尤为突出，由此遭受的巨大损失也频见诸媒体。例如，每到秋冬季节北方城市的雾霾问题，不仅直接影响了城镇居民的日常工作和生活，长期来看还会威胁到人们的健康，对城镇经济发展和生产活动都造成极大的负面影响。

环境污染损害了居民健康，也带来了巨大的经济损失，如降低了工作人口的出勤率，进而影响生产率。在污染严重的地区甚至出现影响移民决定、人才外流、无法吸引人才等问题。同时，气候问题是全球性的，中国的气候变化趋势与全球趋势保持基本一致。近年来极端气候事件如高温伏旱、强降水、雪灾和沙尘暴等发生的频度明显增加与强度明显增强。

由此可见，环境污染和气候条件恶化不仅带来直接与间接的经济损失，并且政府组织对其治理也必然会影响城镇化发展进程和社会的发展。

5.1.2　碳排放对城镇化发展的"尾效"分析

1. 城镇化发展过程中碳排放的"尾效"作用

综述部分 2.3.2 小节已就碳排放制约城镇化推进速度、降低城镇的环境质量、削弱城镇的竞争力等做了梳理；5.1.1 小节也就碳排放带来的国际社会的压力和国内社会对环境治理的需求，进而影响城镇化进程做了论述。这些研究都表明碳排放与资源一样，成为影响人类生存和发展的物质与环境因素。

新增长理论认为，任何国家和地区在经济发展过程中都不可避免地要消耗资源，如土地资源、能源、水资源等，但资源在一定的时限内具有不可再生和有限的特征，导致上一阶段经济增长对资源的消耗必然引起下一阶段经济增长对资源的持续投入，这一现象被经济学家称为"增长尾效"（Romer，2001）。而城镇化是经济发展和社会进步的结果与标志（周一星，1995），因此，城镇化的发展规律同经济规律一样，也需要资源的投入和消耗，这导致城镇化发展也自然受到资源的限制。碳排放作为能耗的直接产物，从这一逻辑上也成为约束城镇化发展的重要因素。

图 5.1 分两个阶段理解：第一阶段是能源对经济增长的"尾效"作用。能源的大量开采和使用，一方面将降低单位劳动力的平均产出，从而制约经济增长；另一方面会产生大量的废物、废气等。第二阶段是城镇化与经济增长的相互作用。一方面经济增长推动产业升级和结构调整，促进了劳动力从农村向城市转移，从而促进城镇化发展；另一方面城镇化水平的提高，为经济的进一步发展储备人力资源和积累技术，另外城镇化的积累作用和扩散作用带来的规模效应与效率提升，又进一步促进了经济增长。两个阶段的叠加和传导，即可推导出碳排放对城镇化的"尾效"作用。

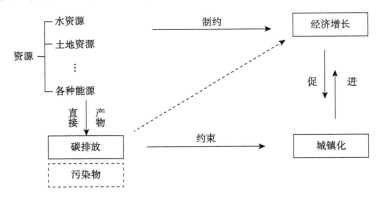

图 5.1　碳排放约束城镇化发展"尾效"理论框架

2. 城镇化发展的碳排放"尾效"模型

可持续发展理论认为，自然资源、生态失衡、污染与其他环境因素对经济的长期持续增长起至关重要的作用。由于资源的有限性，追求永久性产出的经济模式都是行不通的。经济学家从"稀缺"角度对经济模型做过许多修正和探索，但大多数模型并未将资源有效纳入。Romer（2001）在借鉴大量新古典经济学理论的基础上，提出了资源约束下的经济增长模型，成为集大成者，他使用 Cobb-Douglas 形式的函数，使其更有可操作性。

$$Y_{(t)} = K_{(t)}^{\alpha} R_{(t)}^{\beta} T_{(t)}^{\varepsilon} \left[A_{(t)} L_{(t)} \right]^{1-\alpha-\beta-\varepsilon} (\alpha > 0, \beta > 0, \varepsilon > 0, \alpha + \beta + \varepsilon < 1) \quad （5.1）$$

式中，$Y_{(t)}$、$K_{(t)}$、$L_{(t)}$ 和 $A_{(t)}$ 分别表示产出、资本、劳动和"知识"或者"劳动的有效性"；$R_{(t)}$ 表示生产中可利用的自然资源；$T_{(t)}$ 表示土地数量；α 表示资本生产弹性；β 表示资源生产弹性；ε 表示土地生产弹性；t 表示时间；此模型设定资本及劳动的规模报酬不变。

本小节利用这个原始模型，用增长理论中的最优增长理论可以推导出能源对经济增长的约束作用，在经典的 Solow（1956）增长模型中加入能源要素，扩展后可得式（5.2）：

$$Y_{(t)} = K_{(t)}^{\alpha} E_{(t)}^{\beta} \left[A_{(t)} L_{(t)} \right]^{\gamma} (\alpha > 0, \beta > 0, \gamma > 0, \alpha + \beta + \gamma < 1) \quad （5.2）$$

式中，$Y_{(t)}$、$K_{(t)}$、$L_{(t)}$ 和 $A_{(t)}$ 分别表示产出、能源、劳动和"知识"或者"劳动的有效性"（后两者表示有效劳动）；$E_{(t)}$ 表示生产中可利用的能源；α 表示资本生产弹性；β 表示能源生产弹性；γ 表示劳动相关生产弹性；t 表示时间；此模型设定资本及劳动的规模报酬不变。

由 3.2 节研究可知，能源使用量与碳排放呈线性正相关。本小节根据唐建荣和张白羽（2012）与米国芳（2017）的研究，放宽经济规模不变的假设，可得到碳排放对经济增长的"尾效"模型：

$$Y_{(t)} = K_{(t)}^{\alpha} C_{(t)}^{\beta} \left[A_{(t)} L_{(t)} \right]^{\gamma} (\alpha > 0, \beta > 0, \gamma > 0, \alpha + \beta + \gamma < 1) \quad （5.3）$$

式中，$Y_{(t)}$、$K_{(t)}$、$L_{(t)}$ 和 $A_{(t)}$ 分别表示产出、资本、劳动和"知识"或者"劳动的有效性"（后两者表示有效劳动）；$C_{(t)}$ 表示生产中的碳排放量；α 表示资本生产弹性；β 表示碳排放生产弹性；γ 表示劳动相关生产弹性；t 表示时间。

资本、劳动及劳动的有效性的动态性与经典的 Solow 增长模型一致，这里：

$$\Delta K_{(t)} = s Y_{(t)} - \delta K_{(t)} \quad （5.4）$$

$$\Delta L_{(t)} = n L_{(t)} \quad （5.5）$$

$$\Delta A_{(t)} = f A_{(t)} \tag{5.6}$$

式中，s 表示储蓄率；δ 表示资本折旧率；n 表示劳动增长率；f 表示技术进步增长率。

这里将碳容量系统看作是有限的、非增长的，因此，人类的经济行为需要与碳容量系统特征的约束条件相协调，即需要在经济增长与碳容量之间保持平衡，最直接的结果就是碳排放量也需要逐渐降下来。本书因此假设：

$$\Delta C_{(t)} = -b C_{(t)} \tag{5.7}$$

式中，b 表示碳排放量的增长速率，且 $b>0$。按照前文的假设，A、L 与 C 均以不变的速率增长，在平衡增长路径依赖下，K 与 Y 也保持不变的速率增长。由式（5.4）可得 K 的增长率为

$$\frac{\Delta K_{(t)}}{K_{(t)}} = s \frac{Y_{(t)}}{K_{(t)}} - \delta \tag{5.8}$$

由式（5.8）可得，K 保持增长速度不变的必要条件之一为 Y/K 不变，这表示 Y 与 K 的增长率是相等的，用 $g_Y = g_K$ 表示。

接着对式（5.3）取对数，可得

$$\ln Y_{(t)} = \alpha \ln K_{(t)} + \beta \ln C_{(t)} + \gamma \left[\ln A_{(t)} + \ln L_{(t)} \right] \tag{5.9}$$

对式（5.9）关于时间 t 求导，可得到各个变量的增长率的关系：

$$g_{Y_{(t)}} = \alpha g_{K_{(t)}} + \beta g_{C_{(t)}} + \gamma \left[g_{A_{(t)}} + g_{L_{(t)}} \right] \tag{5.10}$$

式中，$g_{(t)}$ 表示各个对应变量的增长率。又因为式（5.4）～式（5.6）对 A、L 与 C 增长率的设定为 f、n、$-b$，式（5.10）可简化为

$$g_{Y_{(t)}} = \alpha g_{K_{(t)}} - \beta b + \gamma (f + n) \tag{5.11}$$

由于在平衡路径下 $g_Y = g_K$，本小节推导可得

$$g_Y^* = \frac{\gamma (f + n) - \beta b}{1 - \alpha} \tag{5.12}$$

式中，g_Y^* 表示平衡路径下的产出增长率，由式（5.12）可知在平衡路径下单位劳动力平均产出增长率为

$$g_{Y/L}^* = g_Y^* - g_L^* = \frac{\gamma (f + n) - \beta b}{1 - \alpha} - n \tag{5.13}$$
$$= \frac{f\gamma + n\gamma + n\alpha - \beta b - n}{1 - \alpha}$$

由式（5.13）可依次推导出，技术进步对单位劳动力平均产出增长率的驱动力为 $\dfrac{\gamma f}{1 - \alpha}$，属于正向驱动；劳动力对单位劳动力平均产出增长率的驱动力为

$\dfrac{n(\gamma+\alpha-1)}{1-\alpha}$，这个可能为正向驱动也可能为负向驱动；碳排放对单位劳动力平均产出的增长存在阻碍作用，碳排放量的增长率 b 越大，将会导致 $g_{Y/L}^{*}$ 越小，即碳排放对经济增长的约束越强。因此，在平衡增长的假设下 $g_{Y/L}^{*}$ 的正负不能确定。若 $g_{Y/L}^{*}$ 为负，则其表示碳排放对经济发展造成的负向驱动大于技术进步带来的正向驱动，即经济增长的"尾效"，经济发展属于高能耗、高排放的模式。

假设碳排放无约束，其增长与劳动力同步，这时 $\Delta C_{(t)} = nC_{(t)}$，将其代入式（5.12）可得：经济平衡增长的前提下的单位劳动力平均产出增长率为

$$\widetilde{g_{Y/L}^{*}} = \frac{f\gamma + n\gamma + n\alpha + \beta b - n}{1-\alpha} \qquad (5.14)$$

碳排放约束的增长"尾效"，即经济平衡情况下的单位劳动力平均产出增长率与碳排放约束下的增长率的差额：

$$\begin{aligned}
\mathrm{Drag}_C^Y &= \widetilde{g_{Y/L}^{*}} - g_{Y/L}^{*} \\
&= \frac{f\gamma + n\gamma + n\alpha + \beta b - n}{1-\alpha} - \frac{f\gamma + n\gamma + n\alpha - \beta b - n}{1-\alpha} \qquad (5.15) \\
&= \frac{2\beta b}{1-\alpha}
\end{aligned}$$

由式（5.15）可知，碳排放约束下的经济增长"尾效"与碳排放生产弹性 β 及资本生产弹性 α 呈正相关关系。其包含的经济学意义为：如果经济增长依赖于高碳排放的增长方式，而不是依赖技术进步，经济增长最终会因"尾效"作用而放缓；资本无序与盲目投入也会增大"尾效"；当 b 为正值且越大时，经济增长的"尾效"越大，即碳排放的增长速度越快，对经济增长的阻力越大，这说明粗放型的经济增长是不可持续的。这也与亟须转变经济增长方式，摆脱高能耗、高排放路径依赖的现实发展要求相一致。

碳排放对城镇化的"尾效"，需要由经济增长作中间变量通过推导运算得出。周一星（1995）研究认为经济增长对城镇化的推动作用要大于城镇化对经济增长的影响，两者存在半对数曲线关系，因此可用式（5.16）描述两者关系：

$$U_{(t)} = c + d\ln Y_{(t)} + \varepsilon \qquad (5.16)$$

式中，U 表示城镇化水平；d 表示经济增长对城镇化水平的弹性系数。通过对式（5.16）先求指数再求导的推算，可得

$$\Delta U_{(t)} = dg_{Y_{(t)}} \qquad (5.17)$$

式中，ΔU 表示城镇化的年增长率，本小节根据上文的推导过程，可得出碳排放对城镇化的"尾效"：

$$\mathrm{Drag}_C^U = d\mathrm{Drag}_C^Y = \widetilde{g_{U/L}^*} - g_{U/L}^* = \frac{2d\beta b}{1-\alpha} \tag{5.18}$$

由式（5.18）分析可得，经济增长对城镇化的弹性系数 d，也对碳排放约束下的城镇化发展"尾效"产生影响。如果 d 为正数，则碳排放对城镇化的"尾效"作用和对经济增长的"尾效"作用同样为正。从现有的研究文献和相关统计数据可知，现阶段中国城镇化发展与碳排放呈正相关关系，因此，这里的"尾效"也应该为正。结果会在实证部分验证。

3. 数据说明

本小节关于城镇化发展与碳排放的相关数据以 2003～2015 年 199 座地级及以上城市的面板数据为研究样本和研究范围。城镇化水平 U 用 3.1 节的城镇化综合水平衡量；产出 Y 选用各个城市对应年份的 GDP；碳排放量 C 选用第 3 章关于城镇碳排放量的核算数据；资本 K 用资本存量表示；有效劳动 AL 用各个城市的劳动人口数量表示。以上数据来源于对应年份的《中国城市统计年鉴》《中国城市建设统计年鉴》《中国能源统计年鉴》，有些数据还需要经计算得出。

4. 单位根检验与协整检验

应用 EViews 9.0 软件对 2003～2015 年 199 座地级及以上城市相关的面板数据进行单位根检验，结果如表 5.1 所示。多种检验方法显示四个变量的水平值拒绝原假设，即四个变量的水平值为非平稳序列，可继续进行协整分析。

表 5.1　面板数据单位根检验

检验方法	t 统计量	p 值
LLC	−24.184***	0.000
Breitung t 统计量	−12.215***	0.000
W 统计量	−8.864***	0.000
Fisher-ADF	646.547***	0.000
Fisher-PP	924.900***	0.000

***表示在 1%的水平上显著

根据单位根检验，变量虽然表现出不平稳性，但本小节还要继续运用 Pedroni 检验和 Kao 检验对 2003～2015 年 199 座地级及以上城市各变量间是否存在长期的协整关系进行检验，结果如表 5.2 所示。

表 5.2　面板协整检验

	Pedroni 检验	
检验方法	统计量	Prob.
panel V 统计量	−6.314**	0.022
panel rho 统计量	6.999***	0.013
panel PP 统计量	0.834**	0.041
panel ADF 统计量	9.472***	0.000
group rho 统计量	11.654***	0.000
group PP 统计量	−0.518	0.062
group ADF 统计量	8.130***	0.003
	Kao 检验	
t 统计量	−5.594***	
Prob.	0.000	
R^2	94.3%	
F 值(p)	155.581（0.000）	
D-W 统计量	1.651	

、*分别表示在 5%、1%的水平上显著

这里运用 Pedroni 检验和 Kao 检验两种方法检验，Pedroni 检验一共有七个统计量，panel V、panel rho、panel PP、panel ADF、group rho、group ADF 六个统计量在 1%或 5%的水平上显著，即自变量和因变量之间存在着协整关系。Kao 检验的面板协整检验结果表明，R^2 值为 94.3%，F 值为 155.581，变量在 1%的水平上协整，说明变量系统存在协整关系，可以进行回归分析。

5. 回归结果分析

前面对式（5.9）所表示的 Cobb-Douglas 函数的相关变量做了协整检验后，这里可通过回归对其系数进行估计。为避免变量间存在多重共线性，采用偏最小二乘法进行回归，回归结果见式（5.19）：

$$\ln Y = 14.519 + 0.397\ln K + 0.168\ln C + 0.263\left(\ln A + \ln L\right) \tag{5.19}$$

由式（5.19）可知，资本 K 对经济增长的生产弹性系数最大（$\alpha = 0.397$），碳排放生产弹性系数（$\beta = 0.168$）小于资本生产弹性系数也小于劳动相关生产弹性系数（$\gamma = 0.263$），即碳排放变动 1%会导致经济增长变动 0.168%。

由式（5.5）$\Delta L(t) = nL(t)$ 可得，2003～2015 年的单位劳动力平均产出年平均增长率为 1.004%，运用同样的方法也可得到碳排放的年平均增长率为 b=4.271%，将这一结果代入式（5.15），可得

$$\text{Drag}_C^Y = \frac{2\beta b}{1-\alpha} = \frac{2 \times 0.168 \times 0.042\ 71}{1-0.397} = 0.023\ 80 \qquad （5.20）$$

由式（5.20）可知，碳排放对经济增长的"尾效"作用为 0.023 80，即由于碳排放这一约束条件的存在，作为研究样本的 199 座地级及以上城市的经济增长速度减缓 2.38%。

接下来，本小节要估计经济增长对城镇化的弹性系数。应用前面的单位根检验和协整的检验方法，得出 $R^2=0.996$；为了避免异方差和自回归，运用加权最小二乘法（weighted least square，WLS）对式（5.16）进行回归，得式（5.21）：

$$U = -8.361 + 6.705 \ln Y \qquad （5.21）$$

由式（5.21）可得，经济增长对城镇化的弹性系数为 6.705，即 $d=6.705$，本小节将其代入式（5.22），得

$$\text{Drag}_C^U = \frac{2d\beta b}{1-\alpha} = d\text{Drag}_C^Y = 0.1596 \qquad （5.22）$$

由式（5.22）可得，碳排放对城镇化的"尾效"作用为 0.1596。这说明由于碳排放的约束作用，作为研究样本的 199 座地级及以上城市的城镇化增长率减少了 15.96%。

由上述结果分析证明，中国碳排放对经济增长和城镇化发展存在"尾效"作用，存在碳排放的约束条件与不存在相比，中国经济增长和城镇化水平的增长率分别减少了 2.38%和 15.96%。中国目前正处于快速城镇化的阶段，由碳排放表征的生态环境的负向影响对城镇化发展的约束和阻滞作用不容忽视。

5.2　碳排放对城镇化发展的经济作用

本小节研究碳排放对城镇化发展的经济作用，分别从碳排放是城镇经济活动的非期望产出、碳排放为城镇发展带来负外部性及碳排放对整体经济增长的影响三个方面展开。

5.2.1　碳排放是城镇经济活动的非期望产出

城镇化发展过程中消耗大量的化石能源，这一行为使碳排放成为伴随城镇化发展的重要产物。3.3 节有分析碳排放会引发一系列生态问题、气候问题等，影响城镇化质量的提升，也不符合城镇化对可持续发展的要求。碳排放这一事实是客观存在的，但不是城镇发展的追求。本节从生产-消费经济模型着手，探讨碳排放作为城镇经济活动的非期望产出，约束城镇经济发展。模型设定有一系列假

定条件，具体如下。

假定条件一：城镇全部经济活动可以抽象为生产活动和消费活动。

生产活动的输出不仅有产品、服务及各种拥有价值的资源，也有非产品，即未转化为产品或服务的各种废弃物，这里把生产活动输出的非产品简化为生产活动产生的碳排放。消费活动通过消费使产品成为最终产品，同时使消费主体获得体验和满足，但是消费主体在消费过程中也输出各种有害物质，如生活垃圾等。与生产活动假定相似，这里把消费活动产生的所有有害物质抽象为消费活动产生的碳排放。

假定条件二：城镇是全部经济活动的执行主体。

本小节把生产活动的执行主体设定为厂商，消费活动的执行主体设定为家庭。这里的家庭也为抽象概念，个人、团体组织、政府组织、非政府组织等在实际的消费活动中也扮演着重要的角色，但是这里为了研究方便将它们统一归入家庭。

假定条件三：城镇全部经济活动包含于自然系统。

这里的自然系统是一个有限的系统，它一方面为城镇生产活动和消费活动提供有限的支持，另一方面对城镇生产活动和消费活动的承载力也是有限的。

假定条件四：生产函数和消费函数为增函数。

假定条件五：自然系统中存有一个 CO_2 可排放量的客观度量最大值。

城镇生产和消费产生的 CO_2 累积排放量，如果小于这一客观度量最大值，则不会对气候变化产生影响，反之则会引起气候变化。

假定条件六：经济系统是一个开放系统。

在上述假定条件的约束下，本小节建立起生产-消费基本模型。这里设城镇生产活动的产出为 Y；城镇生产活动产生的碳排放量用 P_{CO_2} 表示；城镇消费活动用消费函数 C 表示；城镇消费活动产生的碳排放量用 C_{CO_2} 表示；城镇生产活动和消费活动产生的碳排放总量用 T_{CO_2} 表示，这样就有

$$Y = \omega(\cdot) \tag{5.23}$$

$$C = \varepsilon(\cdot) \tag{5.24}$$

$$P_{CO_2} = \psi(Y) \tag{5.25}$$

$$C_{CO_2} = \xi(C) \tag{5.26}$$

$$T_{CO_2} = P_{CO_2} + C_{CO_2} \tag{5.27}$$

根据假定条件和式（5.23）~式（5.27），可以得到碳排放作为非期望产出的几何模型，如图 5.2 所示。

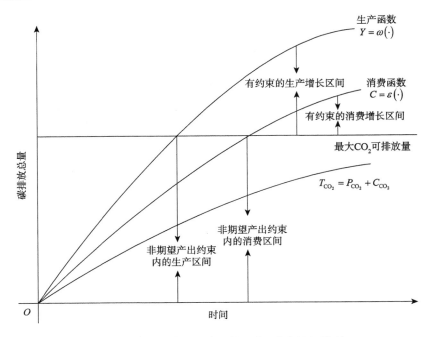

图 5.2　非期望产出约束下的生产-消费几何模型

由图 5.2 可知，在碳排放这一非期望产出的约束下，社会再生产得以实现需要分两种情况。

第一种情况为，当城镇生产活动与消费活动的累积碳排放总量 T_{CO_2} 小于自然系统可排放量的客观度量最大值时，社会再生产的实现条件实现。

第二种情况为，由于碳排放是城镇生产活动和消费活动的必然产物，即 $P_{CO_2} = \psi(Y) \neq 0$，$C_{CO_2} = \xi(C) \neq 0$，因此，$T_{CO_2} = P_{CO_2} + C_{CO_2} = \psi(Y) + \xi(C) \neq 0$。然而随着城镇化进程的推进和时间的推移，$T_{CO_2} = P_{CO_2} + C_{CO_2}$ 在累积作用下，生产活动和消费活动产生的碳排放最终会逼近或超出自然系统可排放量的客观度量最大值，从而导致社会再生产过程不可持续。因此，要保证城镇经济活动的可持续运行，当城镇生产活动和消费活动分别进入"有约束的生产增长区间"和"有约束的消费增长区间"后，需要同时满足：

$$\frac{\partial P_{CO_2}}{\partial Y} = 0 \qquad （5.28）$$

式中，$Y \geqslant Y^*$，Y^* 表示有约束的生产增长区间的左边界。

$$\frac{\partial C_{CO_2}}{\partial C} = 0 \qquad （5.29）$$

式中，$C \geqslant C^*$，C^* 表示有约束的消费增长区间的左边界。

$$\frac{\partial P_{CO_2}}{\partial Y} + \frac{\partial C_{CO_2}}{\partial C} = 0 \qquad （5.30）$$

式（5.28）～式（5.30）代表的约束条件所包含的经济含义是，城镇的生产活动和消费活动所产生的碳排放作为非期望产出，约束了社会再生产的可持续性。当城镇生产活动和消费活动进入"有约束的生产增长区间"和"有约束的消费增长区间"后，城镇生产活动每增长一个单位所产生的碳排放量必须为零；城镇消费活动每增长一个单位所产生的碳排放量也必须为零。这样，$T_{CO_2} = P_{CO_2} + C_{CO_2}$才能够满足成为 Logistic 函数的条件。

5.2.2　碳排放为城镇发展带来负外部性

"外部性"又称"外部效应"，其理论根源最早可以追溯到亚当·斯密，而经济学界普遍认为外部性是由马歇尔提出的。而关于环境问题的外部性由庇古在1920 年首次提出，他主要运用现代经济学方法从福利经济学视角系统地研究了外部性问题，其内涵可以概括为"一个经济主体的行为对另一个经济主体产生一定的影响"。

外部性的存在，使某种资源无法通过市场机制的自发调节实现最优配置，与之相关的经济主体也不能通过市场机制的自发调节实现帕累托最优。

碳排放的外部性分为正外部性和负外部性两个方面。正外部性在微观经济层面表现为企业能够降低生产成本与增加收益，因为企业的生产活动会排放大量的温室气体，而对"空气"这一生产要素的使用没有支付报酬，即未承担成本，从而降低了成本增加了利润。在宏观经济层面上，正外部性主要表现为相关节能减排技术的进步、产品开发与生产消费模式的创新等。

碳排放的负外部性主要表现在宏观层面上，如过量的碳排放会造成极端气候事件增多、全球气候变暖、海平面上升等；由此附带的粉尘、烟雾、有毒气体等会对人类的生存健康和质量造成不利影响，也会对野生动植物造成极大的危害等。结合本书关于城镇化的研究，碳排放的负外部性还表现在造成环境污染；政府为了治理环境，还要增加政府预算和社会治理成本等。除此以外，碳排放的负外部性还表现在代际的负外部性，就是说随着当代碳排放量的增加和累积，后代子孙能够享受到的环境质量越来越差，未来的治理成本也会越来越高。

基于 Stern（2007）、Guest（2012）的研究，图 5.3 可以说明碳排放外部性产生的经济学原因。先假设所有损失都是由碳排放引起的，碳排放的社会边际收益就是每增加一个单位的碳排放所能产生的产品和服务的价值，如燃烧煤炭所发的电。碳排放的社会边际成本是社会产生碳排放的过程中消耗殆尽的那部分资源的成本。这样的社会成本包括两个部分：私人边际成本（private marginal cost,

PMC）属于私营企业所有并且被消耗殆尽的那部分资源的成本；损害自然环境而给第三方带来的损失，这部分成本同样可以用消耗殆尽的资源的成本来度量。因此，每增加一个单位碳排放造成的损失就等于该排放水平上 SMC[1]和 PMC 的差额，这样的损失就是碳排放所产生的外部性。在没有市场干预的情况下，最终的碳排放量会出现在 PMC=SMB[2]的那一点。但是社会最优排放量，即全部社会成本和全部社会收益相等的排放量，发生在SMC=SMB 的点上。因此，在缺乏干预的情况下，会有 b 数量多余的碳被排放出来。

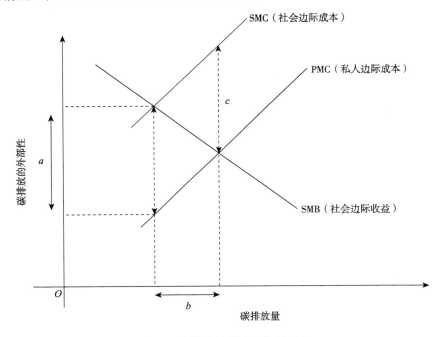

图 5.3　碳排放外部性经济学原理

接下来本小节应用微观经济理论模型，说明碳排放负外部性对城镇经济活动造成的约束和不利影响。

假设一：先对城镇的经济环境进行假定，将城镇的经济产出主体简化为无数个企业主体，并假设每个企业的生产函数为

$$y_i = a_i f_i (X_i, K_i, L_i) \tag{5.31}$$

式（5.31）需满足 $\partial f_i / \partial (X_i) > 0$ ， $\partial^2 f_i / \partial (X_i)^2 < 0$ 。式中， y_i 表示单个企业的产出水平； X_i 表示企业生产排放的 CO_2 所需的环境资本； K_i 表示企业的固定资产、机

① SMC（social marginal cost），表示社会边际成本
② SMB（social marginal benefit），表示社会边际收益

器设备等物质资本；L_i 表示企业生产活动投入的劳动力资本；a_i 表示单个企业的技术水平。式（5.31）说明环境资本、物质资本和劳动力资本是企业生产必需的要素投入，而且每种要素投入的边际生产力均大于零，且边际生产力具有递减的特征。

而在城镇这个地域单元内，有 n 个类似的企业主体，其总的经济产出为

$$Y(X,K,L) = \sum_{i=1}^{n} a_i f_i(X_i, K_i, L_i) \tag{5.32}$$

式中，Y 表示一个城镇的经济总产出；$X = \sum_{i=1}^{n} X_i$、$K = \sum_{i=1}^{n} K_i$ 和 $L = \sum_{i=1}^{n} L_i$ 分别表示城镇范围内单个企业环境资本、物质资本和劳动力资本的总和。

假设二：设定投入等量的环境治理成本，产出最大化的条件为

$$\begin{cases} \max Y(X,K,L) = \sum_{i=1}^{n} a_i f_i(X_i, K_i, L_i), \\ \text{s.t. } X = \sum_{i=1}^{n} X_i \end{cases} \tag{5.33}$$

构建 Lagrange 函数：

$$L(X_i, K_i, L_i) = \sum_{i=1}^{n} a_i f_i(X_i, K_i, L_i) + \lambda\left(X - \sum_{i=1}^{n} X_i\right) \tag{5.34}$$

由一阶条件可得

$$a_i \times \frac{\partial f_i}{\partial X_i} = a_j \frac{\partial f_j}{\partial X_j} = \lambda \tag{5.35}$$

式中，λ 表示企业环境资本的社会影子价格。当 $a_i > a_j$ 时，由式（5.35）可得，$\dfrac{\partial f_i}{\partial X_i} < \dfrac{\partial f_j}{\partial X_j}$。又因为 $\partial f_i / \partial X_i > 0$，且 $\partial^2 f_i / \partial X_i^2 < 0$，因此，$X_i > X_j$。这一方面说明效率越高的企业，拥有的碳排放权也越多；另一方面也说明这一安排是城镇环境资本的最优配置。

假设三：在没有任何外在干预的情况下，企业对环境治理并没有投入全部的成本，它的行为受到社会舆论压力或自觉性的限制。在此背景下，假定企业支付的环境治理随机价格为 ρ_i。这个时候企业的利润函数为

$$\pi_i = p a_i f_i(X_i, K_i, L_i) - \rho_i X_i - r_i K_i - w_i L_i \tag{5.36}$$

企业利润最大化的条件需满足：

$$a_i \frac{\partial f_i}{\partial X_i} = \rho_i / p \tag{5.37}$$

式中，当 $p a_i = \dfrac{\partial f_i}{\partial X_i} = \rho_i < \lambda$ 时，则表示企业投入的环境资本大于社会最优配置水

平。这里的经济学含义为，如果没有政府或碳排放交易市场的外在束缚，仅靠城镇内部企业的自我约束或社会舆论，只会导致过度排放，并且会带来"劣币驱逐良币"、差企业淘汰掉好企业的局面。因为越自觉的企业其排放越少，越不自觉的企业其排放越多。排放越少的企业其成本越高，排放越多的企业其成本反而越低，最终自觉企业就被淘汰了。这样城镇经济活动的主体——企业就会逐渐丧失竞争力，负外部性最终影响城镇整体的经济发展。

5.2.3　碳排放对整体经济增长的影响

5.2.1 小节和 5.2.2 小节已从碳排放是城镇经济活动的非期望产出和碳排放为城镇发展带来负外部性两个方面，分析了碳排放对城镇发展的负向经济作用。根据新古典增长理论，经济增长主要取决于要素投入增加和全要素生产率的提高，但是在碳排放约束的条件下，发展经济必须考虑到环境约束。但是碳排放如何影响整体经济增长，本小节将运用 Solow 增长模型做推导和分析。

Solow 增长模型几乎是所有增长问题研究的出发点，甚至一些从根本上不同于 Solow 增长模型的理论，通常也需要与 Solow 增长模型放在一起理解。但是 Solow 增长模型有一个较大的缺点是没有考虑环境约束，因此，在研究碳排放对整体经济增长的影响前，本小节需要先对 Solow 增长模型进行假定。

有关经济增长与环境问题的研究最早可追溯到 20 世纪 70 年代，其研究结论都必定会涉及规模效应、结构效应和技术效应，并且关于经济增长与环境问题的关系也完全依赖于不同的假证，这里也要做出假定。

假定一，这里将环境问题简化为碳排放问题，研究碳排放对经济增长的影响，不考虑结构效应，也不考虑技术效应。

假定二，考虑标准的单部门 Solow 增长模型，假定储蓄率是外生变量，生产函数是劳动增进型，并且资本和有效劳动的规模报酬不变，此假定满足稻田条件[①]：$\lim\limits_{k \to 0} f'(k) = \infty$ ，$\lim\limits_{k \to \infty} f'(k) = 0$ ，劳动（L）、资本（K）和知识（A）的初始水平是既定的，劳动和知识匀速增长，现存的资本折旧率为 δ ，模型表达为

$$Y = F(K, \text{AL}) \tag{5.38}$$

$$\dot{K} = Y - \delta K \tag{5.39}$$

$$\dot{L} = nL \tag{5.40}$$

$$\dot{A} = gA \tag{5.41}$$

---

① 稻田条件：当资本存量足够小时，资本的边际产品很大；资本存量很大时，资本的边际产品则很小（资本的边际产量递减规律）

式中，Y 表示经济总量；L、K 和 A 分别表示劳动、资本和知识；AL 表示有效劳动；n 表示劳动的增长速度；g 表示知识的增长速度。

假定三，技术进步、环境政策和结构效应对碳排放均不存在削减作用，并且每单位经济活动产生 Ω 个单位碳排放。

假定四，碳排放削减量是存在的，碳排放量和碳排放产生量也是不同的。需假定污染削减函数是规模报酬不变的，碳排放削减量是经济规模和支付在碳排放治理上的经济投入的增函数（F^A），如果削减水平为 A，则有 ΩA 单位的碳排放从碳排放产生量中移除，则碳排放量 E 可表示为

$$
\begin{aligned}
E &= 碳排放产生量 - 碳排放削减量 \\
&= \Omega F - \Omega A \\
&= \Omega F - \Omega A\left(1 - A\left(1, \frac{F^A}{F}\right)\right) \\
&= \Omega F \alpha(\theta)
\end{aligned}
\tag{5.42}
$$

式中，E 表示碳排放量；Ω 表示每单位经济活动产生 Ω 个单位碳排放；F 表示支付在碳排放治理上的经济投入；A 表示削减水平；$\alpha(\theta) = \left(1 - A\left(1, \frac{F^A}{F}\right)\right)$，且 $\theta = \frac{F^A}{F}$。

假定五，Ω 和 θ 都为不变常数。Ω 不变是因为已假定削减碳排放的技术进步不存在；θ 不变是因为假定政府等管理机构不修改相关的生产技术标准。

由于 F^A 包含于 F，削减碳排放使用的要素比例与最终产品使用的要素比例是相等的，所以，我们可认为资本和有效劳动的 θ 的一部分被分配给碳排放削减量，同理（$1-\theta$）也会被分配给最终产品的投资和消费，于是可得

$$
Y = F(1-\theta)
\tag{5.43}
$$

假定六，对环境的净化率做出设定，令 X 为碳排放存量，其初始水平为 $X=0$，则碳排放存量的动态方程为

$$
\dot{X} = E - \eta X
\tag{5.44}
$$

式中，$\eta > 0$，表示碳排放的自然净化率。

本小节将以上六个假定合并，就可以得到不包含碳排放削减技术的绿色 Solow 增长模型：

$$
y = f(k)(1-\theta)
\tag{5.45}
$$

$$
\dot{k} = sf(k)(1-\theta) - (\delta + n + g)
\tag{5.46}
$$

$$
e = f(k)\Omega\alpha(\theta)
\tag{5.47}
$$

$$\dot{X} = E - \eta X \qquad (5.48)$$

式中，$k = K/\mathrm{AL}$，$y = Y/\mathrm{AL}$，$e = E/\mathrm{AL}$，$f(k) = F(k,1)$。

接下来可推导出平衡增长路径下的增长率。

前面已经假定 F 满足稻田条件，并且 θ 是固定的，所以，绿色 Solow 增长模型的经济也有一个唯一的收敛值 k^*。这是因为在绿色 Solow 增长模型下，$sf(k)(1-\theta)$ 为实际投资，$(\delta+n+g)k$ 为持平投资。

由于 $f(0)=0$，当 $k=0$ 时，实际投资和持平投资相等。而稻田条件意味着当 $k=0$ 时，$f(k)$ 很大，曲线 $sf(k)(1-\theta)$ 陡于 $(\delta+n+g)k$；随着 k 变大，$f(k)$ 渐渐趋于 0，即实际投资的斜率小于或等于持平投资的斜率；随着曲线 $sf(k)(1-\theta)$ 比 $(\delta+n+g)k$ 变得平坦，这两条线最终会相交；又由于 $f(k)<0$，这就意味着 $k>0$ 时两条线相交一次。

这里对 k 值进行讨论，比较最终产出。当 k 小于 k^*，代表实际投资大于持平投资，k 为正，k 是在不断增加的；当 k 大于 k^*，k 为负；当 k 等于 k^*，k 为 0。因此，可判断 k 收敛于 k^*。前文已说明，绿色 Solow 增长模型下的实际投资为 $sf(k)(1-\theta)$，Solow 增长模型下的实际投资额为 $sf(k)$，所以绿色 Solow 增长模型下的 k^* 小于 Solow 增长模型下的 k^*。这时，绿色 Solow 增长模型下的最终产出也会小于 Solow 增长模型下的最终产出。

根据假定二，劳动和知识分别是以 n 与 g 的速度增长，同时因为 $k = K/\mathrm{AL}$，所以当位于 k^* 处时，K 以速度 $n+g$ 增长。劳动力的平均资本、平均产量和平均消费则以速度 g 增长。又因为生产函数的规模报酬不变，这说明 Y 也以 $n+g$ 的速度增长。由此可见，绿色 Solow 增长模型平衡增长路径上的增长率和 Solow 增长模型平衡增长路径上的增长率相同，但是当 k 沿着平衡增长路径达到 k^* 时，$e = f(k)\Omega\alpha(\theta)$，会造成生态环境恶化，这时候总的碳排放量的增长率为 G_E：

$$G_E = n + g \qquad (5.49)$$

式（5.49）表示的增长率正好与平衡增长路径上的总产出的增长率相等。由于这个增长率大于 0，这时碳排放对经济增长的整体影响就会显现出来：人均消费增长停滞，环境质量也会走向污染陷阱，经济增长也不可持续。

5.3 本 章 小 结

本章分析了碳排放对城镇化发展的影响作用，从约束作用和经济作用两个角度展开。碳排放对城镇化发展的约束作用体现在两个方面：一方面是碳排放带来环境污染、气候异常等一系列问题，面临着国际社会和国内发展的双重治理压力；另一方面则是碳排放与城镇化发展之间的矛盾，即碳排放对城镇化发展的"尾效"作用。本章对"尾效"的分析过程分为两个阶段：第一阶段是碳排放对经济增长的"尾效"作用，第二阶段是城镇化与经济增长的相互促进作用，这两个阶段经过叠加和传导，最后推导出碳排放对城镇化的"尾效"作用。然后对本书的研究样本 199 座地级及以上城市做实证分析，结果表明，碳排放的确对经济增长和城镇化发展存在"尾效"作用。存在碳排放的约束条件与不存在相比，研究样本的经济增长和城镇化水平的增长率分别减少了 2.38% 和 15.96%，在城镇化进程中，碳排放的约束作用不容忽视。碳排放对城镇化发展的经济作用则从三个经济效应分析：一是碳排放是城镇经济活动的非期望产出，进而约束城镇经济发展；二是碳排放的负外部性会造成经济发展过程中"劣币驱逐良币"的局面，最终影响城镇整体的经济发展；三是碳排放会造成人均消费增长停滞和环境质量恶化，进而对经济增长的整体影响也会显现出来，经济增长也将不可持续。

第6章　城镇化发展与碳排放的相互作用研究

第4章和第5章分别从城镇化发展对碳排放与碳排放对城镇化发展两个单向作用，分析两者间的影响效应，结果表明城镇化发展与碳排放之间存在着单向的作用关系。在这一基础上，本章拟从两者关系的整体入手，进一步分析城镇化发展与碳排放之间的相互作用和影响。首先，本章应用一般的空间计量经济学分析方法分析两者的相关关系和因果关系；其次，在明确两者的整体关系后，再将城镇化发展与碳排放作为两个复杂的独立系统，分析两个系统的耦合关系和耦合协调度，试图明确系统内部的影响因素具有相互作用关系；最后，再运用脱钩理论明确两者目前的关系状态。

6.1　城镇化发展与碳排放的计量经济学分析

关于城镇化发展与碳排放在整体上存在的关系，可以通过计量经济学进行分析。本节首先应用空间计量经济学分析，通过 EKC 模型，检验两者的发展态势和关系；其次运用格兰杰因果检验方法，探讨城镇化发展与碳排放之间的因果关系。

6.1.1　城镇化发展与碳排放的空间计量经济学分析

EKC 模型由美国经济学家 Grossman 和 Kureger（1991）提出，他们研究发现经济增长和环境污染之间呈倒"U"形关系，即环境质量随着经济的增长先是恶化然后再改善。后来学术界也多用 EKC 模型来研究环境问题与经济社会发展的关系。碳排放作为环境问题的代表因素，验证其与经济社会发展变化之间的联系也多用 EKC 模型（Galeotti and Lanza，2005；许广月和宋德勇，2010；魏下海和余玲铮，2011；朱万里和郑周胜，2014；郑海涛等，2016；朱磊和张建清，

2017），得出许多影响碳排放较为显著的因素等。中国目前处于城镇化快速发展阶段，城镇化进程带来的能耗和碳排放增长也在前面的研究得以验证。因此，本小节借鉴林伯强和蒋竺均（2009）的研究，将中国目前处于城镇化快速发展阶段的时代特征考虑进来，这样的研究更贴合发展实际。

除此之外，之前的许多研究大多是在假定区域的环境问题是独立的前提下展开的，即某个区域的经济和社会发展只对本地区的生态环境产生影响，忽略其对周边区域的影响或周边区域对本地区的影响，这一假设明显不符合发展实际。依照地理学第一定律，地理事物或属性在空间分布上互为相关，存在集聚（clustering）、随机（random）、规则（regularity）分布，距离越近的事物相关性越强（Tobler，1970）。许多学者重新思考空间因素在环境问题研究中的重要性，Anselin（1988，2001）强调将空间计量经济学引入环境资源经济学研究中；Maddison（2007）研究认为因为城市和地区相互邻近，相邻的城市和地区必然相互影响，所以在检验EKC 模型时必须运用带有空间属性的数据；Giacomini 和 Granger（2004）也认为在评估经济增长对环境质量的影响时，空间效应也需要被重点考虑；戴育琴和欧阳小迅（2006）在检验"污染天堂假说"理论时也认为污染密集型企业会从发展水平高的地区转移至发展水平低的地区。我国城镇发展过程中存在的集聚效应、跨区域的合作、技术扩散等对碳排放的影响都在空间上存在依赖和联系。因此，城镇化快速发展阶段的碳排放研究必然要考虑空间因素。

1. 模型建立与数据说明

碳排放的空间效应主要表现为：空间依赖性（空间相关性）和空间异质性（空间差异性）。空间异质性主要是由于城镇发展的差距，能源利用和消耗也存在极大的差异，每个城镇碳排放也存在极大的空间异质性；空间依赖性则主要表现为邻近地区的碳排放互为影响。空间效应可以运用空间自相关性 Moran's I（莫兰指数）的测算实现：

$$\text{Moran's } I = \frac{\sum_{i=1}^{n}\sum_{j=1}^{n}W_{ij}(Y_i-\overline{Y})(Y_j-\overline{Y})}{S^2\sum_{i=1}^{n}\sum_{j=1}^{n}W_{ij}} \quad (6.1)$$

式中，$S^2=\frac{1}{n}\sum_{i=1}^{n}(Y_i-\overline{Y})$；$\overline{Y}=\frac{1}{n}\sum_{i=1}^{n}Y_i$；$Y_i$ 表示第 i 个区域的观测值；n 表示区域数；W_{ij} 表示采用邻近标准或距离标准的空间权重矩阵，其中的任一元素可定义空间样本之间的距离远近关系，本小节的空间权重矩阵取邻近标准的 W_{ij}：

$$W_{ij} = \begin{cases} 1, & \text{当区域}i\text{和区域}j\text{相邻} \\ 0, & \text{当区域}i\text{和区域}j\text{不相邻} \end{cases}$$

Moran's I 取值范围为 $[-1,1]$，当取值为正时，表示空间正相关，即空间聚集；当取值为负时，表示空间负相关并呈现出对比关系；当取值为零时，表示邻近区域空间独立、无相关性并呈随机分布。本小节通过绘制空间相关系数的Moran 散点图（图 6.1），可以将各个城市的人均碳排放分为四个象限的集群模式，分别识别一个城市及其与邻近城市的关系：图 6.1 的右上方的第一象限，表示高人均碳排放量的城市被高人均碳排放量的城市包围（HH）；左上方的第二象限，表示低人均碳排放量的城市被高人均碳排放量的城市包围（LH）；左下方的第三象限，表示低人均碳排放量的城市被低人均碳排放量的城市包围（LL）；右下方的第四象限，表示高人均碳排放量的城市被低人均碳排放量的城市包围（HL）。第一、第三象限正的空间自相关关系表示相似观测值之间的空间联系，而第二、第四象限负的空间自相关关系表示不同观测值之间的空间联系。如果观测值均匀地分布在四个象限，则表明城市之间不存在空间自相关性。

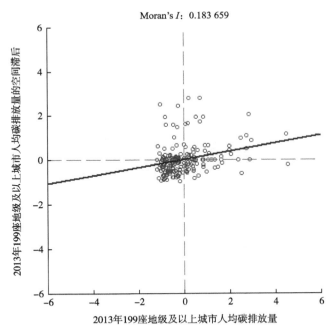

图 6.1　2013 年中国 199 座地级及以上城市人均碳排放 Moran 散点图

本小节研究 2003～2015 年 199 座地级及以上城市城镇化发展与碳排放量的空间效应，拟运用最常用的空间滞后模型（spatial lay model，SLM）和空间误差模型（spatial error model，SEM），其表达式如式（6.2）和式（6.3）所示：

$$Y_{it} = \alpha + \rho W Y_{it} + \beta X_{it} + \varepsilon_i \quad (6.2)$$

$$Y_{it} = \alpha + \beta X_{it} + \varepsilon_i \quad (6.3)$$

式中，Y 表示因变量的向量；X 表示解释变量的矩阵；W 表示空间权重矩阵（运用邻接矩阵）；WY 表示空间滞后因变量的向量；ρ 能够反映样本观测值的空间依赖性，称作空间自回归系数；β 表示需要估计的未知参数的向量；ε 表示干扰项的向量，其中，$\varepsilon = \lambda W \varepsilon + \mu$，$W\varepsilon$ 表示不同单位的干扰项之间存在的交互效应，λ 表示空间自相关系数，μ 表示正态分布的随机误差向量；α 表示常数项；i 表示第 i 个城市；t 表示年份。

在 Poon 等（2006）的研究中，他们在发达国家应用 EKC 模型来做验证研究，需对人均 GDP 项取三次方，但是考虑到中国仍处于发展中国家，本书实证研究应用的 EKC 模型对人均 GDP 项取二次方，对其取对数后回归方程可表示为

$$\ln Y_{it} = \beta_0 + \beta_1 \ln X_{it} + \beta_2 \ln X_{it}^2 + \beta_3 Z_{it} + \varepsilon_i \quad (6.4)$$

式中，Y_{it} 表示人均碳排放量；X_{it} 表示人均 GDP；Z_{it} 表示控制变量，在本节中表示城市发展水平。

通过以上定义，本小节研究应用的 SLM 和 SEM 可以分别表示为

$$\ln Y_{it} = \beta_0 + \rho W \ln Y_{it} + \beta_1 \ln X_{it} + \beta_2 \ln X_{it}^2 + \beta_3 Z_{it} + \varepsilon_i \quad (6.5)$$

式中，式（6.5）表示 SLM；$\rho W \ln Y_{it}$ 表示空间滞后项。

$$\ln Y_{it} = \beta_0 + \beta_1 \ln X_{it} + \beta_2 \ln X_{it}^2 + \beta_3 Z_{it} + \varepsilon_i \quad (6.6)$$

式（6.6）表示 SEM；$\varepsilon_i = \lambda W \ln Y_{it} + \mu$。

对于上述两种模型的估计，如果本小节仍采用 OLS，则系数估计值会有偏或者无效，需要通过工具变量法、极大似然法或者广义最小二乘法估计等方法来进行估计。Anselin（1988）建议采用极大似然法估计 SLM 和 SEM 的参数。

2. 空间自相关检验及 SLM、SEM 的选择

判断城市间人均碳排放量的空间依赖性是否存在，一般通过包括 Moran's I 检验、两个拉格朗日乘数（Lagrange multiplier）形式 LMERR、LMLAG 及其稳健（robust）形式 R-LMERR、R-LMLAG 等来进行。由于事先无法根据先验经验推断在 SLM 和 SEM 中，研究对象是否存在空间依赖性，本小节需要先依据一定的判别标准决定哪种空间模型更加符合研究实际。Anselin 和 Florax（1995）提出了相应的判别标准：如果在空间依赖性的检验中发现，LMLAG 相较 LMERR 在统计上更加显著，且 R-LMLAG 显著而 R-LMERR 不显著，则可以判断适合模型是 SLM；相反，如果 LMERR 相较 LMLAG 在统计上更加显著，且 R-LMERR 显著而 R-LMLAG 不显著，则可以判断适合模型是 SEM。

3. 实证结果分析

本小节的研究样本为2003～2015年199座地级及以上城市，人均碳排放量、人均GDP都来自这些城市的对应年份的数据，城市发展水平为第3章研究的城镇化发展水平综合测度值。本小节对空间面板计量模型的检验和回归分析，结合 ArcGIS、GeoDa 和 MATLAB 2015a 相应的空间计量经济学分析软件进行相应处理。

以2013年为例，检验199座地级及以上城市的人均碳排放量 Y 在地理空间上的依赖性。利用式（6.1）计算的结果发现：2013 年各个城市人均碳排放量的 Moran's I 为0.186，Moran's I 的999次随机排列的模拟结果 p 值为0.003，表示在5%的水平上是显著的。这说明这199座地级及以上城市的人均碳排放量在空间分布上具有明显的正自相关关系，也说明人均碳排放量在空间分布上并不是分散的，或者说没有处于完全随机状态。

Moran 散点图（图6.1）展示了2013年199座地级及以上城市人均碳排放量的空间滞后作为纵轴和2013年199座地级及以上城市人均碳排放量作为横轴的分布情况。其中，lagged PC 2013 表示临近值的加权平均值。由图6.1可知，从某种程度上可以认为研究样本的人均碳排放量在地理空间分布上存在着依赖性和异质性，显示出人均碳排放量的核心—边缘空间格局，表现为局部高值的城市是经济发展水平较低的城市，而局部低值的城市是经济发展水平较高的城市。

Moran 散点图横轴表示人均碳排放量（对原始数据标准化），纵轴为人均碳排放量的空间滞后值，两者都没有单位。Moran 散点图的四个象限代表了四种空间自相关模式：高-高（第一象限）和低-低（第三象限），体现出正的空间自相关性；低-高（第二象限）和高-低（第四象限），体现出负的空间自相关性。如图 6.1 所示，大多数城市位于第一和第三象限。位于第一象限的城市，说明高人均碳排放量的城市被同是高人均碳排放量的城市包围；相反，位于第三象限的城市，说明低人均碳排放量的城市集聚在一起。

此外，本小节对 2003～2015 年 199 座地级及以上城市人均碳排放量的 Moran's I 加以统计。由表6.1可见，在 0-1 邻接权重矩阵下，Moran's I 统计值均在10%的显著水平上通过显著性检验。这表明2003～2015年我国199座地级及以上城市人均碳排放量在地理空间分布上始终表现出显著的自相关关系，即人均碳排放量高的城市相互聚集，反之亦然，城市人均碳排放量存在鲜明的地理空间集群现象。

表 6.1　2003～2015 年 199 座地级及以上城市人均碳排放量的 Moran's *I* 统计

年份	0-1 邻接权重矩阵
2003	0.001*
2004	0.457*
2005	0.385*
2006	0.014*
2007	0.018*
2008	0.058*
2009	0.065*
2010	0.030*
2011	0.409*
2012	0.144*
2013	0.184*
2014	0.162*
2015	0.154*

* 表示在 10%的水平上显著

　　另外，本小节应用拉格朗日乘数判断空间计量模型 SLM 与 SEM 的形式，结果如表 6.2 所示。

表 6.2　拉格朗日乘数空间依赖性检验

LM 检验	统计值	*p* 值
LMLAG	4770.021***	0.000
R-LMLAG	5.116**	0.024
LMERR	4765.114***	0.000
R-LMERR	0.208	0.648

、* 分别表示在 5%、1%的水平上显著

　　由表 6.2 的拉格朗日乘数的误差和滞后及其稳健性检验表明，LMLAG 和 LMERR 都在 1%的水平上显著，但是 *R*-LMLAG 在 5%的水平上较显著，而 *R*-LMERR 不显著。因此，SLM 是更适合的模型形式。

　　如表 6.3 所示，OLS 的估计结果表明人均 GDP 的系数为正，其二次项的系数为负，且两者都通过 1% 水平上的显著性检验，这表明不考虑空间因素，2003～2015 年 199 座地级及以上城市的城镇化发展与碳排放符合倒 "U" 形的 EKC 模型。但是模型的拟合优度 R^2 仅为 38.5%，这说明本小节选择的变量对碳排放量的解释能力还不够强。原因一方面可能是遗漏了重要变量；另一方面可能是模型设

定的问题，如未能充分考虑城市间的空间依赖性。

表 6.3　对式（6.4）的 OLS 分析与对式（6.5）的 SLM 分析

变量	OLS			SLM		
	系数	t 统计量	p 值	系数	t 统计值	Z 值
$\ln x$	2.638***	3.891	0.000	1.319***	2.168	0.003
$\ln x^2$	−0.130***	−3.977	0.000	−3.483***	−3.860	0.000
z	−0.004	−0.087	0.931	0.296***	4.219	0.001
R^2	0.385			0.523		
D-W 统计量	2.23					
ρ				0.139**（2.417）		

、* 分别表示在 5%、1%的水平上显著

实际上，前面的空间依赖性检验 Moran'I 已经证明了城市间的碳排放具有明显的空间自相关性，如果仍旧采用 OLS 模型，显然不适合本小节的研究问题。而通过表 6.2 拉格朗日乘数空间依赖性检验，本小节认为选用 SLM 更适合本小节研究的问题。

从表 6.3 中 SLM 的估计看，人均 GDP 的系数为正，其二次项的系数为负，且两者都通过 1% 水平上的显著性检验，这表明考虑空间因素，2003～2015 年 199 座地级及以上城市的城镇化发展与碳排放同样呈现出倒"U"形的发展曲线，这说明城镇化快速发展阶段碳排放与经济增长间存在 EKC 模型。同时控制变量城镇化发展水平也通过了 1% 水平上的显著性检验，这说明控制变量在空间上也是相互影响的。ρ 通过了 5% 水平上的显著性检验，表明由经济增长和城镇化发展所决定的碳排放在城市间是有空间溢出效应的，即临近城市的人均碳排放量增加 1%，城市自身的人均碳排放量增长约 13.9%，并呈空间正相关性。同样，SLM 的拟合优度 R^2 为 52.3%，表明本小节选择的变量对碳排放量的解释能力还不够强。这是由于本小节研究的主题是关于城镇化发展与碳排放的计量经济学分析，关于解释变量的选用会在后面的研究中做调整。

6.1.2　城镇化发展与碳排放的因果关系分析

本小节采用面板格兰杰因果检验方法考察城镇化发展与碳排放的关系。格兰杰因果检验是经济学研究中极其重要的因果检验方法，最早由获得诺贝尔经济学奖的 Clive W. J. Granger 在 1969 年提出，此方法主要是运用信息集的概念并基于事件发生的时序性，对其因果性进行一般性定义（Granger，1969）。

1. 研究方法与研究样本说明

对两个有时间序列的变量 $\{X_t\}$、$\{Y_t\}$ 进行检验，则有以下公式：

$$x_t = \sum_{i=1}^{\infty} \alpha_i x_{t-i} + \sum_{i=1}^{\infty} \beta_i y_{t-i} + \varepsilon_t \tag{6.7}$$

式中，假设 y 的过去值 y_{t-i} 能预测 x，则至少存在一个 i_0，使 $\beta_{i0} \neq 0$，那么变量 y 是 x 的格兰杰原因，即如果一个变量的滞后值能帮助预测另一个变量，那么该变量就是另一个变量的原因。然而，由于观测到的时间序列数据只能被看作真实变量的连续时间过程的一个样本，观测频率的选取可能会掩盖因果关系的时序性。同时，如果在信息集中遗漏重要的变量，推导出来的因果性可能是虚假的。因此，格兰杰因果检验应有一定的理论基础，本书对其结论的解读也需谨慎，不宜过分推理。

本小节的面板数据为 2003～2015 年 199 座地级及以上城市的碳排放（C）与城镇化水平（U）数据，数据来源于第 3 章的相关研究。

2. 城镇化发展与碳排放的格兰杰因果检验

在实证中，如果变量是非平稳的，那么应用 F 统计量推断 β_{i0} 是否为 0 会产生问题。因此，实证研究中一般要对变量进行平稳化处理，通过差分等变换使序列通过单位根检验。在此基础上，再对其进行协整检验。最后根据 VEC 模型进行因果关系检验。本小节实证分析应用 EViews 9.0 软件实现。面板数据单位根检验方法众多，为克服单一方法所带来的偏差，本小节对面板数据碳排放（C）与城镇化水平（U）数据进行单位根检验，应用 ADF 和 PP 两种方法。

表 6.4 列出了所要检验变量的 ADF 水平值和 PP 水平值及"存在面板单位根"这一原假设检验的 p 值。结果显示，城镇化水平的 ADF 水平值均不平稳，而其一阶差分序列是平稳的；碳排放的 ADF 水平值和一阶差分序列都是平稳的。城镇化水平和碳排放的 PP 水平值与一阶差分序列都是平稳的。

表 6.4　变量面板单位根检验结果

变量	ADF			PP		
	类别	水平值	一阶差分	类别	水平值	一阶差分
城镇化水平	Fisher-ADF	375.733	691.802	Fisher-PP	823.557	2 108.47
（U）		（0.783）	（0.000）		（0.000）	（0.000）
	ADF-ChoiZ	−2.339 79	−11.071	PP-ChoiZ	−13.641	−34.587
		（0.010）	（0.000）		（0.000）	（0.000）

变量	ADF			PP		
	类别	水平值	一阶差分	类别	水平值	一阶差分
碳排放	Fisher-ADF	1 211.580	2 368.260	Fisher-PP	1 648.40	3 545.14
（C）		（0.000）	（0.000）		（0.000）	（0.000）
	ADH-ChoiZ	−19.809	−37.663 4	PP-ChoiZ	−28.855	−51.143
		（0.000）	（0.000）		（0.000）	（0.000）

当变量为同阶单整序列时可以进行协整检验，因此，本小节继续对这两个变量的面板数据进行协整检验，这里运用 Pedroni 检验和 Kao 检验两种方法。同时，为了消除时间序列的不稳定性和可能存在的异方差现象，将原有数据均化成对数形式。

如表 6.5 所示，从检验结果可见，面板数据协整检验结果基本都显著，这说明 2003～2015 年 199 座地级及以上城市的城镇化水平与碳排放存在长期均衡关系。

表 6.5　面板数据协整检验结果

检验方法	Pedroni 检验		Kao 检验	
	t 统计量	p 值	t 统计量	p 值
panel ADF 统计量	−12.756	0.000	5.438	0.000
panel PP 统计量	−28.941	0.000		
group ADF 统计量	−26.856	0.000		
group PP 统计量	−44.324	0.000		

协整检验结果说明变量之间存在因果关系，但是无法说明因果关系的方向。因此，本小节需要运用格兰杰因果检验来检验变量之间的因果关系，分别选择不同的滞后期来分析，如表 6.6 所示。

表 6.6　城镇化发展与碳排放的因果关系检验

滞后期	F 统计值	p 值	结论
2	6.032	0.006	$\ln U$ 是 $\ln C$ 的格兰杰原因
	0.648	0.787	$\ln C$ 不是 $\ln U$ 的格兰杰原因
3	5.469	0.017	$\ln U$ 是 $\ln C$ 的格兰杰原因
	0.461	0.835	$\ln C$ 不是 $\ln U$ 的格兰杰原因
4	4.318	0.013	$\ln U$ 是 $\ln C$ 的格兰杰原因
	0.374	0.834	$\ln C$ 不是 $\ln U$ 的格兰杰原因

续表

滞后期	F 统计值	p 值	结论
5	3.769	0.046	$\ln U$ 是 $\ln C$ 的格兰杰原因
	0.357	0.927	$\ln C$ 不是 $\ln U$ 的格兰杰原因
6	2.576	0.036	$\ln U$ 是 $\ln C$ 的格兰杰原因
	0.462	0.759	$\ln C$ 不是 $\ln U$ 的格兰杰原因
7	2.891	0.036	$\ln U$ 是 $\ln C$ 的格兰杰原因
	0.548	0.782	$\ln C$ 不是 $\ln U$ 的格兰杰原因
8	2.586	0.093	$\ln U$ 不是 $\ln C$ 的格兰杰原因
	0.467	0.847	$\ln C$ 不是 $\ln U$ 的格兰杰原因
9	1.985	0.182	$\ln U$ 不是 $\ln C$ 的格兰杰原因
	0.762	0.526	$\ln C$ 不是 $\ln U$ 的格兰杰原因
10	2.163	0.042	$\ln U$ 是 $\ln C$ 的格兰杰原因
	1.137	0.421	$\ln C$ 不是 $\ln U$ 的格兰杰原因

从表 6.6 中可见，除了滞后 8 期和滞后 9 期外，城镇化发展都是碳排放的格兰杰原因；而从滞后 2 期到滞后 10 期，碳排放都不是城镇化发展的格兰杰原因。由此可见，从整体上城镇化发展是碳排放量变化的原因，而碳排放还不能推进城镇化发展。从前面论述可知，格兰杰因果检验解释的只是统计意义上的因果性，而不是现实意义上真正的因果关系。所以，表 6.6 的因果结论只能作为对真正因果关系的一种支持，只具有参考价值，不能作为肯定或否定因果关系的现实结论。

综上所述，在现实意义上，城镇化发展是碳排放的重要原因，如果我们仍旧依照现有的模式发展，城镇化的推进将会导致碳排放量的持续增加；而碳排放量的增加并不能推动城镇化水平的提高。因此，在"新常态"的背景下和中国经济发展转型的关键期，新型城镇化建设成为经济社会发展的重要途径，这更需要调整城镇化发展模式，减少碳排放，促进城镇化的生态文明建设和可持续发展。

6.2　城镇化发展与碳排放的耦合关系分析

在城镇化快速发展过程中，经济社会发展问题与生态环境问题交互胁迫。研究城镇化发展与碳排放的耦合机理及其协调状态，能够帮助我们加深对城镇化发展与碳排放的相互作用关系的认识，提升两者系统研究的深度和精度。本节对两者的研究从耦合关系分析与耦合协调度测度两个方面展开。

6.2.1 耦合关系分析

耦合是一个物理学概念，指两个或两个以上的系统或运动形式通过各种相互作用而彼此影响的现象。依据协同学的研究，耦合度是对协同作用的度量，即衡量系统内部序参量相变的特征与规律。结合本书的研究，城镇化与碳排放两者间通过各自的耦合元素相互作用，进而彼此影响，这种现象可以称为城镇化与碳排放之间的耦合。

在第 4 章中，本书已就城镇化发展对碳排放的影响分别从直接作用和间接作用两方面进行了详尽分析。在城镇化发展过程中，由于人口聚集、产业发展等，能耗增加，碳排放量剧增；同时，随着城镇化的发展，清洁生产技术的应用、产业结构的调整等在一定程度上减缓了碳排放量的增长。城镇化对碳排放的影响正是在这两种相反力量的作用下产生的。同时，在研究过程中也发现，经济增长是城镇化发展影响碳排放的因素中最显著和主要的因素，关于其影响也在本书 6.1 节中有研究。

而在第 5 章中，本书研究了碳排放对城镇化的影响，主要从经济作用和约束作用两个方面展开。对其经济作用的研究从非期望产出、负外部性及影响整体经济增长三个方面分析，主要得出碳排放会对城镇化再生产起制约作用。而约束作用一方面表现在碳排放对城镇化健康、可持续、高质量发展产生约束；另一方面则是碳排放对城镇化发展有增长"尾效"作用。在推导碳排放对城镇化的"尾效"作用时，本书借用了经济增长这一中间变量（详见 5.1.2 小节）。因为碳排放与经济增长有正向相关关系，经济增长与城镇化发展互为因果关系，且经济增长对城镇化发展的影响力更大，经济增长与城镇化之间也存在明显的半对数曲线关系。因此，城镇化发展与碳排放具有交互耦合关系。

1. 耦合模型的构建

本小节借鉴物理学中的耦合模型和已有的相关研究，建立城镇化发展与碳排放两个系统的耦合度模型：

$$Q = \sqrt{\frac{C \times U}{(C + U)^2}} \quad (0 \leqslant Q < 1) \tag{6.8}$$

式中，C 表示碳排放量；U 表示城镇化水平；Q 表示耦合度，且 $Q \in [0,1)$。当 Q 无限趋近于 1 时，城镇化发展与碳排放处于最佳耦合状态；当 Q 等于 0 时，城镇化发展与碳排放呈无序状态；当 $Q \in (0,0.3]$ 时，城镇化发展与碳排放处于低水平耦合阶段；当 $Q \in (0.3,0.5]$ 时，城镇化发展与碳排放处于拮抗阶段，两者关系不稳定；当

$Q\in(0.5,0.8]$ 时，城镇化发展与碳排放处于磨合阶段，两者关系基本稳定；当 $Q\in(0.8,1)$ 时，城镇化发展与碳排放处于高水平耦合阶段，两者关系呈高度协调状态。城镇化发展与碳排放耦合状态发展规律，如图 6.2 所示。

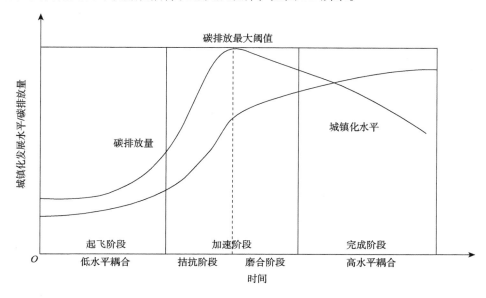

图 6.2　城镇化发展与碳排放耦合状态发展规律

低水平耦合阶段一般出现在城镇化发展初期。城镇化发展较为缓慢，碳排放量也少，可以通过城镇系统自身的循环系统得以分解和消化。

拮抗阶段一般出现在城镇化加速发展的中期阶段。随着城镇化的快速推进，人口、经济等各方面快速发展，能源消费剧增，碳排放量急增，逐渐逼近城镇发展可以承受的极限。

磨合阶段一般出现在城镇化加速发展的中后期。随着城镇化速度逐渐减缓，二者的矛盾由尖锐到缓和再到尖锐，这一过程不断地交替、磨合，碳排放对城镇化的压力也逐渐减小。

高水平耦合阶段出现在城镇化发展的成熟阶段。经过上一阶段的恢复，由于技术进步、产业结构转型、节能意识的强化及相关环境政策的执行，碳排放强度逐渐减弱，两者矛盾逐步缓和，碳排放对城镇化的压力也逐渐减弱。

2. 耦合协调度模型的构建

协调是对系统之间或系统内部各个要素配合度和良性互动程度的描述。相应地，协调所引申出的协调度是对这一状况的度量。因此，耦合协调度反映的是系统内部要素协调发展的程度，是对系统由无序向有序发展过程的度量。研究城镇化发展与碳排放耦合协调度，需建立两者的耦合协调度模型：

$$D = \sqrt{Q \times T}, \ T = \alpha C + \beta U \qquad\qquad (6.9)$$

式中，Q、C、U 表示的含义与式（6.8）一致；α、β 表示参数，两者的取值取决于两者在衡量系统中的重要性，设 $\alpha + \beta = 1$；T 表示城镇化系统与碳排放系统的综合协调指数，反映两者的发展水平对耦合协调度的贡献；D 表示耦合协调度。$D \in (0, 1)$，本小节可将城镇化发展与碳排放的耦合协调度分为四种类型：当 $D \in (0, 0.4]$ 时，两者为低度协调耦合；当 $D \in (0.4, 0.5]$ 时，两者为勉强协调耦合；当 $D \in (0.5, 0.8]$ 时，两者为中度协调耦合；当 $D \in (0.8, 1)$ 时，两者为高度协调耦合。

6.2.2　城镇化发展与碳排放的耦合关系及耦合协调度实证分析

如 6.1.2 小节的研究，2003～2015 年 199 座地级及以上城市的城镇化发展促进了碳排放量的增加，但是碳排放量的增加并未推进城镇化的发展。因此，本小节在测算耦合协调度时，鉴于城镇化发展和碳排放间的相互促进程度与相对重要性的区别，分别对 α 和 β 赋值为 0.6 和 0.4。同时由于两者的衡量单位不同，本小节在做耦合关系分析前需先对城镇化水平和碳排放量做标准化处理。

由第三章研究可知，由于所处环境与发展历史的差异，199 座地级及以上城市的城镇化水平与碳排放存在明显的差异。本小节将 199 座地级及以上城市按照3.1.4 小节中的城市分类，对三类城市的城镇化发展和碳排放的耦合关系与耦合协调度进行分析。用 UI 代表城镇化指数，CI 代表碳排放指数，Q 代表耦合度，D 代表耦合协调度。

由表 6.7 可知，2003～2015 年，发达城市城镇化发展与碳排放耦合度在 0.10～0.50 之间，均值为 0.40，城镇化发展与碳排放处于拮抗阶段；发达城市城镇化发展与碳排放耦合协调度由 2003 年的 0.25 提升至 2015 年的 0.40，整体表现出不断增长的态势，这个时段耦合协调度的均值为 0.48，为勉强协调耦合，说明这个阶段城镇化发展与碳排放的耦合关系仍在不断发展中，两者的耦合协调性还需进一步推进。

表 6.7　2003～2015 年三类城市城镇化发展与碳排放耦合协调度分析

年份	发达城市				中等发达城市				一般城市			
	UI	CI	Q	D	UI	CI	Q	D	UI	CI	Q	D
2003	1.00	0.01	0.10	0.25	1.00	1.00	0.50	0.71	1.00	1.00	0.50	0.71
2004	0.91	0.74	0.50	0.65	0.99	0.82	0.50	0.68	0.92	0.89	0.50	0.67

续表

年份	发达城市				中等发达城市				一般城市			
	UI	CI	Q	D	UI	CI	Q	D	UI	CI	Q	D
2005	0.80	1.00	0.50	0.66	0.79	0.84	0.50	0.64	0.83	0.88	0.50	0.65
2006	0.71	1.00	0.49	0.64	0.65	0.81	0.50	0.60	0.73	0.85	0.50	0.62
2007	0.55	1.00	0.48	0.59	0.38	0.77	0.47	0.50	0.61	0.81	0.50	0.58
2008	0.43	1.00	0.46	0.55	0.23	0.70	0.43	0.43	0.50	0.75	0.49	0.54
2009	0.32	0.83	0.45	0.49	0.15	0.65	0.39	0.37	0.39	0.70	0.48	0.50
2010	0.18	0.84	0.38	0.41	0.44	0.61	0.49	0.50	0.29	0.66	0.46	0.45
2011	0.15	0.81	0.36	0.38	0.16	0.54	0.42	0.36	0.22	0.59	0.45	0.41
2012	0.04	0.81	0.22	0.28	0.19	0.03	0.36	0.22	0.11	0.04	0.44	0.19
2013	0.46	0.80	0.48	0.54	0.28	0.61	0.46	0.44	0.51	0.65	0.50	0.53
2014	0.38	0.81	0.41	0.42	0.36	0.74	0.50	0.46	0.34	0.73	0.47	0.51
2015	0.19	0.90	0.42	0.40	0.67	0.82	0.48	0.58	0.31	0.67	0.45	0.47

2003～2015 年，中等发达城市城镇化发展与碳排放耦合度在 0.36～0.50，均值为 0.46，城镇化发展与碳排放处于拮抗阶段；中等发达城市城镇化发展与碳排放耦合协调度由 2003 年的 0.71 降至 2015 年的 0.58，整体表现出不断下降的态势，这个时段耦合协调度的均值为 0.50，为勉强协调耦合。虽然中等发达城市的耦合协调度与发达城市处于同一阶段，但是两者的耦合协调性发展趋势是相反的。

而 2003～2015 年，一般城市城镇化发展与碳排放耦合度在 0.44～0.50，均值为 0.48，城镇化发展与碳排放处于拮抗阶段；一般城市城镇化发展与碳排放耦合协调度由 2003 年的 0.71 降至 2015 年的 0.47，这个时段耦合协调度的均值为 0.53，为中度协调耦合。这个结果说明两者的耦合协调性还需进一步推进和发展，但是略强于发达城市和中等发达城市的耦合协调度。

综上所述，三类城市的城镇化发展与碳排放耦合度都处于拮抗阶段，将进入城镇化发展与碳排放耦合关系的磨合阶段，二者间的矛盾可能经历由尖锐到缓和再到尖锐的过程，且这一过程不断地交替、磨合。而关于城镇化发展与碳排放的耦合协调度，一般城市要高于发达城市和中等发达城市，后面两者在发展过程中需要注意两者之间发展的协调性，如在追逐城镇化水平快速提升的过程中，需要处理好城镇化发展与能耗和碳排放的关系。

6.3　城镇化发展与碳排放的脱钩关系分析

根据第 4 章的已有研究发现，在城镇化发展过程中，经济发展对碳排放的贡献最大；同时，5.1.2 小节也发现经济增长对城镇化发展的影响显著。由此，本节研究城镇化发展与碳排放的脱钩关系，可理解为研究城镇化发展过程中经济发展与碳排放的脱钩关系。在此分析的基础上，本节将脱钩概念引入城镇化进程中经济增长与碳排放的关系研究中，对 2003～2015 年 199 座地级及以上城市的城镇化发展与碳排放的脱钩状态进行实证分析。

6.3.1　脱钩的概念与模型设定及数据说明

1. 脱钩概念

脱钩（decoupling）是一个物理学概念，表示两个物理量之间不同的变化趋势。最早将脱钩概念应用到经济发展与环境问题研究中的是 OECD，该组织应用脱钩测度经济发展与环境污染间的关联性（OECD，2002）。

随后许多学者应用脱钩来测度经济发展与物质消耗或生态问题之间的压力状况，并将其发展成为衡量经济发展模式可持续性的工具。国内外学者也把脱钩这一指标运用到了碳排放与经济社会发展关系研究中及碳减排领域中。国外方面，Romualdas（2003）将脱钩概念扩展为初级脱钩和次级脱钩，从实证分析角度分析了立陶宛经济发展与碳排放之间的脱钩情形。Tapio（2005）运用脱钩这一测度工具研究了 1970～2001 年，欧洲交通业经济增长与运输量、温室气体排放之间的关联性。Clinent 和 Pardo（2007）直接分析了巴西能源碳排放与经济增长之间的脱钩关系。Dinda 和 Coondoo（2006）先分析了人均 GDP 与碳排放量之间的因果关系，在此基础上发现碳排放量在减少，而经济增长状况良好，这表明了经济增长与碳排放之间呈现出脱钩状态。近些年国内学者将脱钩指数应用到碳排放与经济社会发展的领域中，涌现出许多实证研究成果，主要从中国整体、区域、城市及行业等方面展开。李忠民等（2011）从整体上研究了中国碳排放量与经济增长之间的脱钩关系，并对脱钩指标进行因果链分析，得出能源结构调整是节能减排工作的重要途径的结论。赵桂梅等（2017）计算了中国 1995～2015 年 30 个省区市碳排放强度，通过异质性 PS 收敛方法确定"俱乐部收敛"类型，并在解决 EKC 模型同质性假设问题的基础上，构建碳排放强度的空间面板数据计量模型，对各类型区域碳排放强度与经济增长之间的脱钩状况进行描述，并测算出两者实现脱钩的时间。朱磊和张建清（2017）运用 Tapio 脱钩理论和 EKC 模型，从东部、中部、西部和东北部几个区域，描述了经济发展与污染物排放之间的相互关系，并得出碳减排策略需要结合区域发展实际，制定可持续的发展目标，实现低碳转型。方齐云和吴光豪（2016）利用武汉市 1995～2013 年的相关数据，测算了武汉市的碳排放量，并结合经济社会发展数据，计算这一发展过程中经济发展与碳排放之间的脱钩状况，并提出政策建议。徐盈之等（2011）与梁日忠和张林浩（2013）则从产业发展和行业角度衡量了碳排放与产业发展之间的脱钩及反弹效应。

Tapio 根据脱钩弹性值的大小，将脱钩状态细分为强脱钩、弱脱钩、弱负脱钩、强负脱钩、扩张性连接、扩张性负脱钩、衰退性连接、衰退性脱钩八种状态，见表 6.8。强脱钩是指经济持续增长，碳排放量的增长呈负增长，环境压力弹性值在−∞～0；弱脱钩指经济稳定增长，碳排放量也在增长，但是其增长幅度小于经济增长幅度，环境压力弹性值在 0～0.8；弱负脱钩指经济增长处于负增长状态，碳排放量的增长也为负，但经济增长的减速幅度要大于碳排放量的减少速度，环境压力弹性值在 0～0.8；强负脱钩是指经济呈负增长，碳排放量的增长幅度呈正增长，环境压力弹性值在−∞～0；扩张性连接指碳排放量随着经济增长同步增长，且两者的变化幅度相当，两者呈现出线性关系，环境压力弹性值在 0.8～1.2；扩张性负脱钩是指碳排放量与经济增长都呈正增长，且碳排放量的增长幅度要大于经济增长的幅度，环境压力弹性值大于 1.2；衰退性连接指经济呈现负增长，碳排放量呈现同比例的负增长状态，环境压力弹性值在 0.8～1.2；衰退性脱钩指经济增长为负，碳排放量也呈现负增长，但后者的负增长速度要大于经济衰退的速度，环境压力弹性值大于 1.2。

表 6.8 Tapio 脱钩的八种状态

ΔE	ΔC	ΔGDP	脱钩状态
（−∞，0）	<0	>0	强脱钩
（0，0.8）	>0	>0	弱脱钩
（0，0.8）	<0	<0	弱负脱钩
（−∞，0）	>0	<0	强负脱钩
（0.8，1.2）	>0	>0	扩张性连接
（1.2，+∞）	>0	>0	扩张性负脱钩
（0.8，1.2）	<0	<0	衰退性连接
（1.2，+∞）	<0	<0	衰退性脱钩

注：ΔE 代表环境压力弹性值，ΔC 代表碳排放量变化幅度，ΔGDP 代表经济增长变化幅度

2. 模型设定及数据说明

根据 Tapio 的脱钩模型思想，本小节采用各个城市的碳排放总量、人均碳排放量、碳排放强度三个指标，分别测度其与经济增长之间的脱钩状态。基于弹性分析方法，Tapio 脱钩模型计算公式如下：

$$\Delta E\left(\text{TC UG}\right)=\Delta\text{TC}/\Delta\text{UG} \qquad (6.10)$$

$$\Delta E\left(\text{PC UG}\right)=\Delta\text{PC}/\Delta\text{UG} \qquad (6.11)$$

$$\Delta E\left(\text{GC UG}\right)=\Delta\text{GC}/\Delta\text{UG} \qquad (6.12)$$

式中，ΔTC、ΔPC、ΔGC 分别表示从基期到末期的碳排放总量、人均碳排放量和碳排放强度的增长幅度；ΔUG 表示从基期到末期的 GDP 增长幅度。对应的八种脱钩状态，如图 6.3 所示。

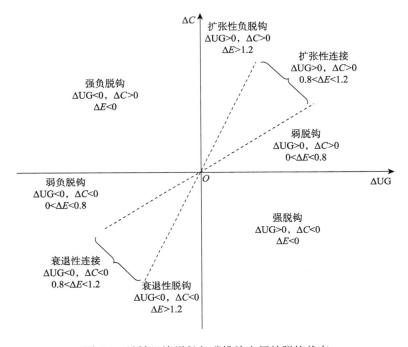

图 6.3　城镇经济增长与碳排放之间的脱钩状态

本小节以 2003～2015 年 199 座地级及以上城市的经济增长与碳排放之间的脱钩状态为研究对象。由于样本量大，本小节将这 199 座地级及以上城市分为三类研究（具体分组见 3.1.4 小节），分别是发达城市（DU）经济增长与碳排放之间的脱钩状态、中等发达城市（IU）经济增长与碳排放之间的脱钩状态、一般城市（GU）经济增长与碳排放之间的脱钩状态。城市经济产出用 GDP 表示，碳排放总量、人均碳排放量与碳排放强度的数据，同样来源于第 3 章。

6.3.2　城镇化发展与碳排放的脱钩状态实证分析

根据式（6.10）～式（6.12），本小节对 2003～2015 年 199 座地级及以上城市的碳排放与经济产出的增长幅度和两者间的脱钩关系分成三个阶段及三种城市类型进行计算，三个阶段分别为 2003～2007 年、2008～2011 年与 2012～2015年，三种类型城市已在上文说明。所得结果如表 6.9 所示。

表 6.9　城镇经济增长与碳排放的脱钩状态（2003～2015 年）

地区	时期	ΔUG	ΔTC	$\Delta TC/\Delta UG$	Z_1	ΔPC	$\Delta PC/\Delta UG$	Z_2	ΔGC	$\Delta GC/\Delta UG$	Z_3
DU	2003～2007 年	0.798	0.135	0.170	弱脱钩	0.038	0.048	弱脱钩	-0.368	-0.461	强脱钩
	2008～2011 年	0.540	0.020	0.036	弱脱钩	-0.020	-0.038	强脱钩	-0.056	-0.103	强脱钩
	2012～2015 年	0.658	-0.004	-0.006	强脱钩	0.102	0.155	弱脱钩	-0.313	-0.476	强脱钩
IU	2003～2007 年	0.657	0.003	0.005	弱脱钩	0.568	0.864	扩张性连接	0.702	1.068	扩张性连接
	2008～2011 年	0.581	0.003	0.004	弱脱钩	0.091	0.156	弱脱钩	0.132	0.227	弱脱钩
	2012～2015 年	0.866	-0.011	-0.013	强脱钩	0.200	0.231	弱脱钩	-0.332	-0.383	强脱钩
GU	2003～2007 年	0.702	0.005	0.007	弱脱钩	0.617	0.878	扩张性连接	0.768	1.093	扩张性连接
	2008～2011 年	0.624	0.005	0.008	弱脱钩	0.256	0.411	弱脱钩	-0.206	-0.330	强脱钩
	2012～2015 年	0.780	-0.023	-0.030	强脱钩	0.144	0.185	弱脱钩	-0.303	-0.388	强脱钩

从表 6.9 可以看到，在 2003～2007 年这个阶段，发达城市的碳排放总量脱钩弹性值、人均碳排放量脱钩弹性值都不大，表现出弱脱钩，而碳排放强度脱钩弹性值为负值，表现出强脱钩；中等发达城市的碳排放总量脱钩弹性值较小，表现出弱脱钩，人均碳排放量脱钩弹性值与碳排放强度脱钩弹性值则较大，两者的脱钩状态表现为扩张性连接；一般城市与中等发达城市表现出相似的状态，碳排放总量脱钩状态表现出弱脱钩，人均碳排放量脱钩状态与碳排放强度脱钩状态表现为扩张性连接。说明在 2003～2007 年这个阶段，城市的碳排放量与经济增长呈现显著的正相关，这个阶段的经济增长方式高度依赖于高排放的发展模式，是一种粗放型的增长方式。

在 2008～2011 年这个阶段，发达城市的碳排放总量脱钩状态表现为弱脱钩，人均碳排放量与碳排放强度脱钩状态表现为强脱钩，这在一定程度上表明发达城市的经济增长方式处于环境友好状态；中等发达城市的碳排放总量脱钩状态、人均碳排放量脱钩状态和碳排放强度脱钩状态都表现为弱脱钩，表明这个阶段中等发达城市的经济增长幅度很大，但是碳排放量的增长幅度逐渐减小，经济增长方式逐渐转为集约型；一般城市的碳排放总量脱钩状态、人均碳排放量脱钩状态表现为弱脱钩，碳排放强度脱钩状态表现为强脱钩，也说明一般城市的经济增长方式向集约型转变。

而在 2012～2015 年这个阶段，三类城市的碳排放总量、人均碳排放量和碳排放强度脱钩状态都表现出强脱钩与弱脱钩并存。这说明这个阶段城市经济依旧高速增长，碳排放量增长放缓，经济增长方式由粗放型转变为相对集约型。总体来看，在 2012～2015 年城镇化快速发展阶段，中国城市经济增长对碳排放的依赖程度经历了由强变弱的过程，这说明经济增长方式逐渐由粗放型向集约型转变，经济增长并未使碳排放强度显著增强。

6.4　本章小结

本章在第 4 章和第 5 章研究的基础上，以 2003～2015 年 199 座地级及以上城市为研究样本，从以下四个角度分析了城镇化发展与碳排放的整体关系。

一是结合 EKC 模型，运用空间计量经济学相关研究方法，发现处于快速发展阶段的城镇化，其经济增长与碳排放存在倒 "U" 形曲线，即符合 EKC 模型；同时各个城市的人均碳排放存在空间依赖性。

二是经过格兰杰因果检验分析，证实城镇化发展是碳排放的重要原因，而碳排放量的增加并不能推动城镇化水平的提高。如果仍旧依照现有的模式发展，城镇化的推进将会导致碳排放量的持续增加。

以上两方面验证了城镇化发展与碳排放的相关关系和因果关系。

三是将城镇化发展与碳排放作为两个复杂的独立系统，对 199 座地级及以上城市聚类出的三类城市的耦合关系和耦合协调度进行了分析，发现三类城市的城镇化发展与碳排放耦合度都处于拮抗阶段，将进入城镇化发展与碳排放耦合关系的磨合阶段。而关于城镇化发展与碳排放的耦合协调度，一般城市要高于发达城市和中等发达城市，后两者在发展过程中需要注意两者发展的协调性，如在追逐城镇化水平快速提升的过程中，需要处理好城镇化发展与能耗和碳排放的关系。这一结果明确了系统内部的影响因素具有相互作用的关系。

四是将 199 座地级及以上城市聚类出的三类城市，分为 2003～2007 年、2008～2011 年、2012～2015 年三个阶段，对其城镇化发展过程中的经济增长和碳排放进行了脱钩关系分析。总体来看，在 2003～2015 年城镇化快速发展阶段，中国城市经济增长对碳排放的依赖程度经历了由强变弱的过程，这说明经济增长方式逐渐由粗放型向集约型转变，经济增长并未使碳排放强度显著增强。

第7章　基于面板联立方程模型的碳减排策略研究

由本书第 4～第 6 章对城镇化发展与碳排放的作用关系分析可知，两者的影响关系是一个复杂系统。本章运用联立方程的 GMM，评估城镇化快速发展阶段的减排收益与成本，为探索城镇化发展的低碳转型提供政策建议。

7.1　城镇化发展与碳排放的系统分析和联立方程模型构建

综合本书第4～第6章的综述和实证研究，城镇化发展既通过直接渠道影响碳排放，又通过经济规模、产业发展、技术发展和环境规制等间接渠道影响碳排放。关于碳排放影响城镇化发展的研究，主要通过探究碳排放对经济增长的直接作用和造成的各种负外部性。然后，对碳排放经由产业发展、能源利用和环境规制这些间接路径影响城镇化发展做了理论综述。这些都表明对城镇化发展与碳排放的研究应建立一个复杂系统。鉴于此，本节将构建联立方程的系统分析模型，分析和评估城镇化快速发展阶段的减排措施及其减排效果。

7.1.1　系统理论分析

1. 城镇化发展与碳排放

随着城镇化的发展，经济规模和人口规模迅速扩大，这将直接导致能耗和消费量的大幅提升，这在很大程度上必然会推动碳排放总量的上升；另外，城镇人口比例的增加和生活方式的转变，一方面推动了经济发展和产出，另一方面提高了能源的消费量。

城镇化发展对碳排放有间接的正负双向影响。负向影响是指处于快速发展阶段的城镇化会推动第二产业和第三产业增加在 GDP 中的比重，从而影响能耗，增加碳排放量；城镇化发展是经济产出持续增长的引擎，推动经济规模的扩大和人均收入水平的提高，从而影响能源消费和碳排放。正向的影响是城镇化发展会推动能源利用技术的进步，从而影响能源消费和经济产出（林伯强和孙传旺，2011）；除此以外，城镇化发展对城市区域的生态环境造成巨大的压力，这在一定程度上会加强环境规制力度，促进高能耗、高排放产业的淘汰和转移，加速产业结构调整，还会降低经济产出的成本。

3.1.3 小节，已经从规模维度、结构维度及技术维度论述了城镇化发展影响碳排放总量、调节碳排放量的增速和碳排放强度（图 3.5）。由此，本小节认为城镇化发展通过影响经济产出、产业结构调整、能源强度和环境规制等渠道，影响碳排放。

2. 碳减排策略对城镇化发展的影响

城镇化的快速发展促使能耗和碳排放量的剧增，但延缓碳排放的过快增加，对城镇化的发展会产生一些不利影响。一方面节能减排措施会直接影响城镇化的发展速度，另一方面则会影响能源消费，进而影响城镇化的经济产出水平。

综上所述，中国城镇化发展与碳排放有着内在的影响和反馈作用。城镇化水平、经济产出、产业结构（用第二产业比重和第三产业比重表征）、能源强度、环境规制与碳排放之间的相互作用见图 7.1。

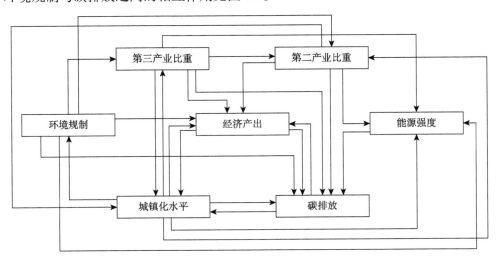

图 7.1　城镇化与碳排放内在的相互作用系统分析

7.1.2　模型构建与分析方法及数据来源

1. 模型构建

从图 7.1 可知，城镇化水平、经济产出、产业结构、能源强度、环境规制与碳排放之间形成了一个内在的相互作用系统。如果运用单方程的计量模型无法全面反映它们之间的内在关联，只有采用联立方程模型才能揭示这些作用渠道。在以上理论分析的基础上，本小节构建城镇化水平、经济产出、产业结构、能源强度、环境规制与碳排放的函数，然后建立联立方程计量模型。

首先，构造碳排放函数。本小节借鉴 Grossman 和 Krueger（1995）关于碳排放与经济产出等因素的相关研究，其基本函数式可用如下形式表示：

$$TC = \sum_{i=1}^{n} D \frac{D_i}{D} \frac{TE_i}{D_i} \frac{TC_i}{EG_i} = F(D, S_1, S_2, S_3, PGE, PGEC) \tag{7.1}$$

式中，i 表示产业类别；S_1 表示第一产业占 GDP 的比重。随着经济社会的发展，S_1 将不断下降，研究发现其能耗占总能耗的比重值平均低于 5%，因此，S_1 对碳排放的影响可忽略不计。基于此，碳排放的表达函数可以改写为：$TC = F(D, S_2, S_3, PGE, PGEC)$。第 3 章有研究认为中国城镇化目前处于快速发展阶段，因此，关于碳排放的影响因素，本小节还需要考虑其他因素，如经济增长方式、固定资产投资能耗强度、城镇化水平等，结合前文的文献综述和分析，最终将碳排放函数的设定如下：

$$TC = F(D, S_2, S_3, PGE, ER, DFK, LK, PGEC, CL) \tag{7.2}$$

其次，构建经济产出函数。这里借鉴修正后的 Stokey 模型（阿吉翁等，2004），其经济产出函数用如下形式表示：

$$D = K^a (HKL \times L \times TC)^{1-a} = K^a (HK \times TC)^{1-a} = G(TFK, TC) \tag{7.3}$$

式中，HKL、L 和 TC 分别表示劳动平均知识水平、劳动力投入量和生产的清洁程度，其中 $0<a<1$。为了分析城镇化进程中的环境规制对经济产出的直接影响，以及产业结构变动、能源利用强度等对经济产出的贡献，本小节将这些因素考虑到产出函数中，得到最终的经济产出函数设定如下：

$$D = G(TFK, LK, TC, S_2, S_3, PGE, ER, CL) \tag{7.4}$$

最后，依次构建第二产业结构函数、第三产业结构函数、技术进步函数（偏重于节能技术）、环境规制函数及城镇化水平函数。第二产业结构函数的构建借鉴陈鸿宇和周立彩（2001）的相关研究，并将环境规制、第三产业占比、经济增长方式、科教水平等因素考虑在内。第三产业结构函数的构建借鉴吴振球等（2011）

的研究，将人力资本、环境规制、劳动力价格、固定资产投资能耗强度、经济增长方式加入，进而考察其对第三产业的影响。技术进步函数的构建借鉴冯泰文等（2008）与陈晓玲等（2015）的研究，将对外交往能力、经济增长方式、固定资产投资能耗强度、产业结构、环境规制、人力资本、劳动生产率、固定资产总额加入，考虑这些因素对能源强度的影响。环境规制函数的构建借鉴李斌和李拓（2015）、高明等（2016）的研究，将人均收入水平、劳动力素质、科教水平、能源消费量和能源消费碳强度列为考察对象，衡量这些因素变化对环境规制的影响。而城镇化水平函数的构建借鉴沈青基等（2013）、王磊和龚新蜀等（2014）的研究，将经济增长方式、能源消费碳强度、固定资产投资能耗强度、科教水平、人均收入水平、劳动力价格、产业结构、对外交往能力加入，研究它们对城镇化发展的影响。

基于以上函数的构建思路，第二产业结构函数、第三产业结构函数、技术进步函数、环境规制函数和城镇化水平函数设定如下：

$$S_2 = H\left(S_3, \text{ER}, \text{PUR}, \text{DFK}, \text{CL}\right) \tag{7.5}$$

$$S_3 = J\left(\text{LK}, \text{ER}, \text{LP}, \text{DFK}, \text{PFKE}, \text{CL}\right) \tag{7.6}$$

$$\text{PGE} = K\left(\text{FDI}, \text{PFKE}, \text{DFK}, S_2, S_3, \text{ER}, \text{LK}, \text{QL}, \text{TFK}, \text{CL}\right) \tag{7.7}$$

$$\text{ER} = Q\left(\text{FDI}, \text{PD}, \text{PE}, \text{PGEC}, \text{PUR}, \text{TE}, \text{CL}\right) \tag{7.8}$$

$$\text{CL} = R\left(\text{DFK}, \text{PGEC}, \text{PFKE}, \text{PUR}, \text{PD}, \text{LP}, \text{ST}, \text{FDI}\right) \tag{7.9}$$

各个函数的相关变量如表 7.1 所示。

表 7.1 构建七种函数所需变量

变量	指标名称	含义
D	经济规模	GDP
PD	人均收入水平	人均 GDP
QL	劳动生产率	单位劳动力的产值（D/LK）
TC	碳排放总量	表征产品的清洁度
PUR	科教水平	人均科研和教育经费支出
TE	能源消费量	能源消费总量
PE	劳动力素质	每万人在校大学生数
TFK	固定资产总额	固定资产投资额
FDI	对外交往能力	外商直接投资额
PGE	能源强度	单位 GDP 能耗量（TE/D），代表节能技术水平
PFKE	固定资产投资能耗强度	单位固定资产投资额的能耗量（TE/TFK）

续表

变量	指标名称	含义
S_2	第二产业占比	第二产业产值占 GDP 比重
S_3	第三产业占比	第三产业产值占 GDP 比重
CL	城镇化水平	城镇化综合水平
LP	劳动力价格	用劳动人口占总人口比重衡量，其值越大则价格越低
DFK	经济增长方式	用固定资产投资额占 GDP 比重衡量
LK	人力资本	劳动力总人口
ER	环境规制强度	单位建成区面积的城市环境治理投资额
ST	产业结构	$S_2 + S_3$
PC	碳排放强度	单位 GDP 的碳排放量（TC/D）
PGEC	能耗碳排放强度	单位 GDP 能耗所产生的碳排放量（TE/D）[①]

根据式（7.5）～式（7.9），本小节可定量分析城镇化发展对碳排放的直接影响与间接影响，同时能够衡量各种减排措施的减排效果及其经济社会成本。在借鉴霍杰（2015）、徐如浓和吴玉鸣（2016）研究的基础上，本小节建立了包含滞后项的联立方程计量模型：

$$\ln TC_{it} = \alpha_0 + \alpha_1 \ln D_{it} + \alpha_2 \ln S_{2it} + \alpha_3 \ln S_{3it} + \alpha_4 \ln PGE_{it}$$
$$+ \alpha_5 \ln ER_{it} + \alpha_6 \ln DFK_{it} + \alpha_7 \ln LK_{it} + \alpha_8 \ln CL_{it} \quad （7.10）$$
$$+ \alpha_9 \ln PGEC_{it} + \tau_{it}$$

$$\ln D_{it} = \beta_0 + \beta_1 \ln TFK_{it} + \beta_2 \ln LK_{it} + \beta_3 \ln TC_{it} + \beta_4 \ln S_{2it}$$
$$+ \beta_5 \ln S_{3it} + \beta_6 \ln PGE_{it} + \beta_7 \ln ER_{it} + \beta_8 \ln CL_{it} + \delta_{it} \quad （7.11）$$

$$\ln S_{2it} = \gamma_0 + \gamma_1 \ln S_{3it} + \gamma_2 \ln ER_{it-1} + \gamma_3 \ln PUR_{it-1}$$
$$+ \gamma_4 \ln PUR_{it-2} + \gamma_5 \ln DFK_{it-1} + \gamma_6 \ln CL_{it} + \xi_{it} \quad （7.12）$$

$$\ln S_{3it} = \varphi_0 + \varphi_1 \ln LK_{it} + \varphi_2 \ln ER_{it-1} + \varphi_3 \ln LP_{it-2}$$
$$+ \varphi_4 \ln DFK_{it-1} + \varphi_5 \ln PFKE_{it-1} + \varphi_6 \ln CL_{it} + \kappa_{it} \quad （7.13）$$

$$\ln PGE_{it} = \theta_0 + \theta_1 \ln FDI_{it} + \theta_2 \ln PFKE_{it} + \theta_3 \ln DFK_{it}$$
$$+ \theta_4 \ln S_{2it} + \theta_5 \ln S_{3it} + \theta_6 \ln ER_{it} + \theta_7 \ln LK_{it} \quad （7.14）$$
$$+ \theta_8 \ln QL_{it} + \theta_9 \ln TFK_{it} + \theta_{10} \ln CL_{it} + \eta_{it}$$

$$\ln ER_{it} = \lambda_0 + \lambda_1 \ln FDI_{it} + \lambda_2 \ln PD_{it} + \lambda_3 \left(\ln PD_{it} \right)^2 + \lambda_4 \ln PE_{it}$$
$$+ \lambda_5 \ln PGEC_{it-1} + \lambda_6 \ln PUR_{it-1} + \lambda_7 \ln TE_{it-2} + \lambda_8 \ln CL_{it} + \mu_{it} \quad （7.15）$$

---

① PGEC（能耗碳排放强度），表示整体能源消费的碳强度；鉴于化石能源的碳排放系数基本是不变的，由此可得 PGEC 的值越小，则代表清洁能源在整体能源消费中的比重越大，这可用来表示能源消费结构

$$\ln \mathrm{CL}_{it} = \rho_0 + \rho_1 \ln \mathrm{DFK}_{it} + \rho_2 \ln \mathrm{PGEC}_{it} + \rho_3 \ln \mathrm{PFKE}_{it-1}$$
$$+ \rho_4 \ln \mathrm{PUR}_{it-1} + \rho_5 \ln \mathrm{PD}_{it-1} + \rho_6 \ln \mathrm{LP}_{it-1} + \rho_7 \ln \mathrm{LP}_{it-2} \qquad (7.16)$$
$$+ \rho_8 \ln \mathrm{ST}_{it-2} + \rho_9 \ln \mathrm{FDI}_{it-2} + \gamma_{it}$$

式中，i 表示城市；t 表示年份；τ_{it}、δ_{it}、ξ_{it}、κ_{it}、η_{it}、μ_{it}、γ_{it} 分别表示相应方程的随机误差项；α_0、β_0、γ_0、φ_0、θ_0、λ_0、ρ_0 分别表示相应方程的常数项；方程依次表示碳排放方程、经济产出方程、第二产业结构方程、第三产业结构方程、技术进步方程（用能源强度衡量）、环境规制方程和城镇化水平方程。

2. 分析方法

首先，在进行回归分析前，本小节先对式（7.10）～式（7.16）涉及的面板数据的变量进行单位根检验，确认变量是否平稳。使用相同单位根 LLC 检验方法和不同单位根 Fisher-ADF 检验方法与 Fisher-PP 检验方法对变量进行单位根检验，并根据 AIC（Akaike information criterion，赤池信息量准则）选择最大滞后项。限于篇幅原因，本小节不对过程做详细陈述。单位根检验结果显示：在 5% 的显著性水平上，变量的对数形式是平稳的，并不存在单位根。

其次，使用 GMM 对联立方程模型进行系统估计。之所以选择 GMM，是因为其优点是：允许随机误差项之间存在异方差和序列相关，不需要知道随机扰动项的确切分布，故所得参数更加合乎实际结果，估计量也非常稳健（高铁梅，2016）。结果分析见 7.2 节。

3. 数据来源

本章使用的数据为 2003～2015 年 199 座地级及以上城市的相关面板数据，并通过计算得出。根据数据的可获得性和准确性原则，数据来源于相应年份的《中国城市统计年鉴》《中国城市建设统计年鉴》《中国能源统计年鉴》，对个别缺失数据利用相关城市的统计年鉴与年报查询补齐，或者用插值法补充。对数据的检验和联立方程模型的回归处理使用 EViews 9.0 软件。

7.2　联立方程模型的 GMM 实证结果分析

本节对实证结果的分析主要分为三个部分：首先，通过直接渠道效应和间接渠道效应分析城镇化发展对碳排放与经济产出的影响；其次，依据估计结果选定八种减排措施，并对其进行分析；最后，分析这八种减排措施对城镇化发展的影响。

7.2.1　城镇化发展影响碳排放和经济产出的渠道效应分析

本小节在对 7.1 节数据和联立方程模型处理的基础上，得到表 7.2；然后，根据表 7.2 的估计结果，通过计算可得表 7.3。

表 7.2　联立方程模型 GMM 估计结果

变量	方程（7.10）$\ln TC$	方程（7.11）$\ln D$	方程（7.12）$\ln S_2$	方程（7.13）$\ln S_3$	方程（7.14）$\ln PGE$	方程（7.15）$\ln ER$	方程（7.16）$\ln CL$
$\ln S_3$	0.527***	0.248***	−0.327***		−0.111***		
	（0.000）	（0.000）	（0.000）		（0.001）		
$\ln LP$（−1）							−0.381***
							（0.000）
$\ln PE$						1.013**	
						（0.007）	
$\ln PGE$	0.432***	−0.224***					
	（0.000）	（0.000）					
$\ln DFK$	0.355***				0.720***		0.136**
	（0.000）				（0.000）		（0.018）
$\ln PD$（−1）							0.315***
							（0.001）
$\ln PUR$（−1）			−0.032***			0.421***	0.168***
			（0.009）			（0.000）	（0.000）
$\ln PGEC$（−1）						−0.602***	
						（0.002）	
$\ln S_2$	0.400***	0.266***			0.612**		
	（0.000）	（0.000）			（0.039）		
$\ln TC$		0.319***					
		（0.000）					
$\ln TE$（−2）						0.103**	
						（0.017）	

续表

变量	方程（7.10）lnTC	方程（7.11）lnD	方程（7.12）lnS₂	方程（7.13）lnS₃	方程（7.14）lnPGE	方程（7.15）lnER	方程（7.16）lnCL
lnPFKE（−1）				0.500**			0.037
				（0.041）			（0.000）
lnFDI					−0.021**	−0.338***	
					（0.006）	（0.000）	
lnST（−2）							0.492***
							（0.000）
lnLP（−2）				−0.219***			−0.337**
				（0.004）			（0.043）
lnLK	−0.150***	0.511***		0.136***	−0.280***		
	（0.007）	（0.000）		（0.000）	（0.000）		
lnFDI（−2）							0.037***
							（0.002）
lnPFKE					0.891***		
					（0.000）		
lnPGEC	−0.032***						−0.019***
	（0.000）						（0.008）
lnQL					−0.280***		
					（0.000）		
lnER（−1）			−0.062***	0.095***			
			（0.000）	（0.000）			
lnPD						2.543**	
						（0.016）	
lnPUR（−2）			−0.135***				
			（0.000）				
lnDFK（−1）			0.113***	−0.913**			
			（0.002）	（0.049）			

续表

变量	方程（7.10）lnTC	方程（7.11）lnD	方程（7.12）lnS$_2$	方程（7.13）lnS$_3$	方程（7.14）lnPGE	方程（7.15）lnER	方程（7.16）lnCL
（lnPD）^{2}						-0.153^{***}	
						（0.002）	
lnTFK		0.160^{***}			0.280^{***}		
		（0.000）			（0.000）		
lnER	-0.021^{***}	-0.035^{***}			-0.034^{**}		
	（0.000）	（0.000）			（0.023）		
lnD	0.950^{***}						
	（0.000）						
lnCL	0.450^{**}	0.332^{***}	0.520^{**}	0.140^{***}	0.175^{**}	0.145^{**}	
	（0.036）	（0.000）	（0.045）	（0.000）	（0.045）	（0.008）	
R^2	0.749	0.952	0.834	0.723	0.999	0.526	0.566
D-W 统计量	1.704	1.942	1.745	1.646	2.032	1.851	1.768

、*分别表示在 5%、1%的水平上显著

表 7.3　城镇化影响碳排放与经济产出的不同渠道效应（设 CL 上升一个单位）

影响 TC 的渠道	TC 变动	影响 D 的渠道	D 变动	PC 变动
D 直接渠道	+0.315	D 直接渠道	+0.332	−0.017
S_2 渠道	+0.409	S_2 渠道	+0.177	+0.232
S_3 渠道	+0.074	S_3 渠道	+0.041	+0.032
PGE 渠道	+0.038	PGE 渠道	−0.015	+0.053
ER 渠道	−0.008	ER 渠道	−0.006	−0.003
TC 直接渠道	+0.450	TC 直接渠道	+0.144	+0.306
全部渠道	+1.278	全部渠道	+0.673	+0.603

注：符号 "+" "−" 分别代表增加、减少

从表 7.3 可得，在 CL 上升一个单位的假设条件下，城镇化影响碳排放的各个渠道效应。只有 ER 渠道效应对碳排放影响是负向的，即 ER 渠道效应有利于减少碳排放；而 D 直接渠道效应、S_2 渠道效应、S_3 渠道效应、PGE 渠道效应与 TC 直接渠道效应则是城镇化促使碳排放增加的原因，S_3 渠道效应相对较弱。

同时可得，在 CL 上升一个单位的假设条件下，城镇化影响经济产出的各个

渠道效应。PGE 渠道效应和 ER 渠道效应对经济产出的影响为负，而城镇化通过 D 直接渠道、S_2 渠道和 TC 直接渠道成为推动经济产出增长的主要动力。

从总体上看，在 CL 上升一个单位的假设条件下，城镇化通过不同渠道影响碳排放（TC）、经济产出（D）和碳排放强度（PC），全部渠道总效应分别为促使碳排放增加 1.278 个单位，促使经济产出增加 0.673 个单位，以及推动碳排放强度提高 0.603 个单位，其中，城镇化通过间接渠道影响碳排放和碳排放强度的重要渠道为 S_2 渠道。综上可得，城镇化水平的提高能够推动碳排放量的大幅增长和碳排放强度的大幅提升，这也说明处于快速发展阶段的城镇化面临碳减排带来的巨大压力。因此，如何处理城镇化发展与碳减排之间的矛盾，成为碳减排策略的核心议题。

7.2.2　城镇化发展过程中的碳减排措施分析

本小节对表 7.2 的估计结果进行计算整理，可得到城镇化与碳排放分析系统中的八个关键变量通过渠道效应分别对碳排放、经济产出和碳排放强度产生的综合影响，见表 7.4。

表 7.4　八个关键变量对碳排放、经济产出、碳排放强度产生的综合影响

不同的情形设定	本期 TC 变动	本期 D 变动	本期 PC 变动
本期 CL 上升一个单位	+1.278	+0.674	+0.604
本期 S_2 上升一个单位	+0.787	+0.341	+0.446
本期 S_3 上升一个单位	+0.481	+0.314	+0.167
本期 PGE 上升一个单位	+0.219	−0.086	+0.305
本期 PFKE 上升一个单位	+0.195	−0.077	+0.272
本期 LK 上升一个单位	+0.625	+0.530	+0.095
本期 DFK 上升一个单位	+0.688	+0.141	+0.547
本期 PGEC 上升一个单位	−0.056	−0.023	−0.033

注：符号"+""−"分别代表增加、减少。

这八个变量的选择依据是，将 PC 设定为因变量，取 CL、S_2、S_3、PGE、PFKE、LK、DFK、PGEC 为自变量。本小节利用 7.1.2 小节中的面板数据进行回归分析，结果显示各个自变量与因变量之间存在长期协整关系，并且回归方程的拟合优度与稳健性也表现良好（7.3 节会有进一步的验证和分析）。

对表 7.4 进行分析。当 S_2 上升一个单位时，也可理解为当工业化水平提升一个单位时，将分别推高 TC 0.787 个单位、D 0.341 个单位和 PC 0.446 个单位。回看表 7.2 中的方程（7.12）和方程（7.13）的计量结果，当本期 CL 提高一个单位时，将会直接推动本期 S_2 和 S_3 分别上升 0.520 个单位与 0.140 个单位；而本期 S_3 上升一个单位，则会导致本期 S_2 降低 0.327 个单位。由此可得，城镇化快速发展时期的城镇化水平对 S_2 的影响效应要远大于对 S_3 的影响效应，城镇化发展会进一步推动工业化水平的提升。方程（7.16）的计量结果表明产业结构 ST 滞后两期对城镇化水平的直接影响是 0.492，即推动城镇化水平提高 0.492 个单位。

综合以上分析发现，城镇化与工业化、产业结构之间存在着相互作用，同时工业化发展对碳排放量的大幅增长和碳排放强度的大幅提升起着巨大的推动作用，这使城镇化发展与碳减排之间存在着巨大的矛盾和挑战；而同时表 7.2 中方程（7.11）的计量结果表明，如果试图通过降低城镇化发展水平来达到减少碳排放的目的，则需要付出减少 GDP 产出的经济成本。由此可见，城镇化与碳减排的矛盾本质为难以实现经济产出增长与碳减排的双赢。

基于以上分析，化解城镇化与碳减排矛盾的关键就在于，比较各种减排措施的减排效果和经济成本，寻找一种低成本、高效益的减排措施，有效地降低碳减排的整体经济成本，这样才能保证在城镇化快速发展阶段实现经济增长与碳减排的双赢。

接下来，仍对表 7.4 进行考察分析。当 PGE 下降一个单位时，则推动碳排放强度降低 0.305 个单位，经济产出增加 0.086 个单位。这说明降低能源强度能够在推动经济增长的同时有效地降低碳排放强度，这一减排措施能够实现碳减排和经济增长的双赢。

当 PFKE 降低一个单位时，则为经济产出带来 0.077 个单位的增长，分别降低碳排放和碳排放强度 0.195 个单位与 0.272 个单位；而当 DFK 下降一个单位时，则推动碳排放和碳排放强度分别下降 0.688 个单位与 0.547 个单位，同时经济产出也下降 0.141 个单位。这说明降低固定资产投资能耗强度和改变经济增长方式这两项减排措施，能够实现碳减排的减少，同时对经济增长会有一定程度的负面影响，但影响程度要小于对碳排放的影响。林毅夫（2012）研究指出中国经济在未来 20 年内仍有以年均 7%～8%的速度增长的潜力，为了实现碳减排目标，通过从投资拉动向消费驱动、从粗放的用能方式向低碳集约的模式转型，进而降低经济发展速度，这成为经济发展必须付出的代价，但这一代价也是可以承受的。基于此认识，我国需要严格控制高耗能产业的固定资产投资增速，经济增长方式也需要由投资拉动向消费驱动的方向做调整，这两种措施可作为实现碳减排目标的核心手段。

当 LK 上升一个单位，则为经济产出增长贡献 0.530 个单位，为碳排放强度的提高贡献 0.095 个单位。这说明人力资本的积累会提升碳排放强度，但是比对经济产出的贡献要小很多，人力资本作为其中的一种减排措施，在整体上是可行的。

PGEC 对碳排放、经济产出和碳排放强度的贡献很小，分别为 0.056 个单位、0.023 个单位和 0.033 个单位，这是由于中国能源消费结构没有发生大的改变，用能方式依旧高度依赖煤炭和石油。同时，当前减少一个单位的碳排放需要付出 0.319 个单位 GDP 的代价，经济成本较高（表 7.2）。由此可推导出，优化能源消费结构这一减排措施所要担负的经济成本在当前的发展模式下是难以承受的，发展清洁能源不能作为碳减排的核心手段。

根据配第-克拉克定理，降低第二产业比重，可以作为衡量产业结构是否优化的重要指标。这里 S_2 下降一个单位，将导致经济产出减少 0.341 个单位，而实现碳排放减少一个单位，GDP 需要付出 0.266 个单位的经济代价（表 7.2）。因此，降低第二产业比重这一减排措施，不能作为实现中国减排目标的关键手段。但是从长远发展来看，通过推动第二产业的低碳转型，以及大力发展第三产业，仍旧是化解城镇化发展与碳减排矛盾的重要手段。

另外，环境规制作为一种环境治理的政策手段，没有被单独列出，但本小节结合表 7.2 通过计算后发现：环境规制强度提升一个单位，可降低碳排放 0.021 个单位，经济产出需要付出 0.035 个单位的成本。因此，与调整能源消费结构的手段相似，环境规制手段只能作为实现碳减排目标的辅助手段，但从长远来看，环境规制手段仍旧是实现社会整体低碳转型必不可少的依据和保障。

7.2.3　碳减排对城镇化发展的影响分析

上文的八种减排手段的实施将对城镇化发展产生怎样的影响？本小节将做进一步的剖析。

回到表 7.2，本小节对方程（7.16）的计量结果进行分析。LP 的下降（即劳动力价格的提高，滞后一期的系数为-0.381，滞后二期的系数为-0.337）、PD 的提高（滞后一期的系数为 0.315）和 ST 的上升（滞后二期的系数为 0.492）是城镇化发展的核心动力。其中 ST 的推动作用是最根本的动力，因为 ST 的优化一方面促进了经济产出的增长，另一方面是 PD 提高的关键因素，这成为提高城镇化水平的根本动力。因此，降低 S_2 比重这一减排措施，会降低城镇化发展速度，弱化城镇化的发展动力。

PFKE 的下降（滞后一期的系数为 0.037）、PGEC 的下降（当期的系数为-0.019）及 DFK 的下降（当期的系数为 0.136）这三种减排措施，对城镇化水平的提高有轻微的抑制作用，其对城镇化发展的负面影响是很小的。

除此之外，还有 S_3 与 LK 这两种减排措施，这两种措施经由 ST 和 PD 这两个渠道的作用，对城镇化发展的影响都是正向的。

综上所述，只要保证S_2的降幅不要超过S_3的增幅，八种减排措施的实施对城镇化发展的负向作用是很小的。

7.2.4　城镇化进程中的碳减排效果评估

本小节主要检验上一小节提出的八种减排措施的实际效果，通过比较分析减排效益及经济成本，为后面碳减排策略的研究提供依据。

先对 2003～2015 年八个关键变量变动对碳减排的贡献及其所要付出的经济成本进行测算，得到表 7.5。

表 7.5　2003～2015 年八个关键变量对碳减排的贡献及其经济成本

变量	各变量年均变动	TC 年均变动	D 年均变动	PC 年均变动
CL	+0.130%	+0.166%	+0.088%	+0.079%
S_2	−0.051%	−0.040%	−0.017%	−0.023%
S_3	+0.070%	+0.034%	+0.022%	+0.012%
PGE	−1.500%	−0.329%	+0.129%	−0.458%
PFKE	−1.571%	−0.307%	+0.121%	−0.428%
LK	+0.066%	+0.041%	+0.035%	+0.006%
DFK	+0.046%	+0.032%	+0.007%	+0.025%
PGEC	+1.500%	−0.084%	−0.035%	−0.050%

注：各个变量来源与前文一致，年均变动经过计算整理获得；TC、D、PC 年均变动根据表 7.4 各个变量的系数计算获得；符号"+""−"分别代表增加、减少

根据表 7.5，对碳减排效益进行分析。以 199 座地级及以上城市作为研究样本，2003～2015 年对碳排放强度下降做出主要贡献的减排措施为：S_2 的下降、PGE 的下降、PFKE 的下降及 PGEC 的下降。八个关键变量变动在整体上使 2015 年的碳排放强度比 2003 年下降 0.837%。

再根据表 7.5，对碳减排成本进行分析。从表 7.5 中可知，减排措施 S_2 的下降、PGEC 的提升，需要付出 GDP 增速降低 0.052%的经济代价。而这两种减排措施每减少 1%的碳排放需要支付的经济成本分别是：降低 GDP 年均增速 0.42 个百分点和 0.41 个百分点。这两种减排措施的实施所支付的年均经济成本的排序依次是：能耗碳排放强度的优化，年均减少 GDP 0.035%；第二产业比重的下降，年均减少 GDP 0.017%。在 2003～2015 年这个时期，经济增长对固定资产总额依赖程度的上升这一减排措施，减少 1%的碳排放需要 GDP 年均降速 0.219%；能源强

度降低这一减排措施，减少1%的碳排放需要GDP年均降速0.392%；固定资产投资能耗强度降低，减少1%的碳排放需要GDP年均降速0.394%。

整体来看，碳减排成本多为正值，减排措施带来的减排经济成本还是很大的；尤其是降低第二产业在GDP中的比重和优化能源结构两项减排措施，具有高成本、低收益的特性，这在减排策略制定过程中要慎重抉择。

7.3 城镇化进程中碳减排策略实施重点

从上文对碳减排效果的分析可知，碳减排成本是大幅上升的。因而，如何确定低成本、高收益的减排策略，成为未来城镇化发展过程中碳减排策略实施的关键。本节首先用影响碳排放的八个关键变量预测能否在2020年达成相较2005年碳排放强度下降 40%～45%的减排目标。其次根据目标能否实现，探究城镇化发展转型的关键手段，从根本上化解城镇化发展与碳减排之间的矛盾。

7.3.1 2020 年碳减排目标的可达性分析

检验中国 2020 年碳减排目标的可达性，需要先建立预测碳排放强度的计量模型。根据前文的研究，表 7.4 中八个变量能够影响到碳排放强度，因此，本小节设立模型为

$$\ln PC_{it} = \omega_0 + \omega_1 \ln CL_{it} + \omega_2 \ln S_{2it} + \omega_3 \ln S_{3it} + \omega_4 \ln PGE_{it}$$
$$+ \omega_5 \ln PFKE_{it} + \omega_6 \ln LK_{it} + \omega_7 \ln DFK_{it} \qquad (7.17)$$
$$+ \omega_8 \ln PGEC_{it} + \varsigma_{it}$$

式中，i 表示城市；t 表示年份；ω_0 和 ς_{it} 分别表示常数项和随机误差项。本小节使用 ADF 检验方法，对所涉及的变量面板数据进行平稳性检验，如表7.6所示。

表 7.6 2003～2015 年八个关键变量面板数据单位根检验结果

变量	系数	t 统计量	p 值
lnCL	0.067***	5.291	0.000
lnS_2	−0.119**	−2.680	0.007
lnS_3	0.258**	7.036	0.000
lnPGE	−0.081**	−0.028	0.047
lnPFKE	−0.362**	−0.180	0.008
lnLK	−0.134***	−14.200	0.000

续表

变量	系数	t 统计量	p 值
lnDFK	-0.252^{**}	-0.125	0.004
lnPGEC	1.142^{**}	0.327	0.047
ω_0	3.259^{**}	0.930	0.003
R^2	0.909	D-W 统计量	1.961

、*分别表示在 5%、1%的显著性水平上拒绝原假设

如表 7.6 的结果所示，本小节对面板数据进行 ADF 单位根检验后发现，在 5%的显著水平上，所有变量在时间序列上不存在单位根。

由此，可判断方程（7.17）的各变量满足协整关系，伪回归的情况也被排除，方程结果如下所示：

$$\ln PC = 3.259 + 0.067\ln CL - 0.119\ln S_2 + 0.258\ln S_3$$
$$- 0.081\ln PGE - 0.362\ln PFKE - 0.134\ln LK \qquad （7.18）$$
$$- 0.252\ln DFK + 1.142\ln PGEC$$

再根据表 7.4 中联立方程模型的回归结果将碳排放强度的影响变量系数代入式（7.17），可得来自联立方程模型计量结果的碳排放强度预测模型：

$$\ln PC = 3.259 + 0.604\ln CL + 0.446\ln S_2 + 0.167\ln S_3$$
$$+ 0.305\ln PGE + 0.272\ln PFKE + 0.095\ln LK \qquad （7.19）$$
$$+ 0.547\ln DFK - 0.033\ln PGEC$$

根据式（7.18）和式（7.19），本小节使用 2005~2015 年的数据，分别利用单方程模型的 OLS 回归和联立方程模型的结果，预测 2016~2020 年的碳排放强度（表 7.7）。

表 7.7 单方程模型和联立方程模型预测结果比较

年份	碳排放强度实际值	单方程模型碳排放强度		联立方程模型碳排放强度	
		预测值	相对误差	预测值	相对误差
2005	2.789	2.543	-0.088	2.394	-0.142
2006	2.402	2.290	-0.047	2.217	-0.077
2007	2.652	2.289	-0.137	2.221	-0.163
2008	3.485	2.352	-0.325	2.272	-0.348
2009	2.195	2.276	0.037	2.160	-0.016
2010	2.434	2.332	-0.042	2.202	-0.095
2011	2.345	2.267	-0.033	2.162	-0.078

续表

年份	碳排放强度实际值	单方程模型碳排放强度		联立方程模型碳排放强度	
		预测值	相对误差	预测值	相对误差
2012	1.874	2.248	0.200	2.148	0.146
2013	1.826	2.246	0.230	2.147	0.176
2014	1.794	2.221	0.427	2.119	0.325
2015	1.818	2.217	0.399	2.092	0.274
2016	—	2.202	—	2.064	—
2017	—	2.188	—	2.038	—
2018	—	2.173	—	2.011	—
2019	—	2.158	—	1.985	—
2020	—	2.144	—	1.959	—

注：本表的实际值和预测值，为了统计和计算方便准确对计算结果取对数值

表7.7的数据显示，使用联立方程模型预测的2005～2015年的碳排放强度值与实际值的相对误差绝对值在0.4以内，可见本章构建的联立方程模型与实际社会经济运行情况基本吻合。而单方程模型的预测值与实际值的相对误差稍大一些。通过计算发现，联立方程模型碳排放强度的预测值在2005～2015年以年均0.013的速度下降，至2020年碳排放强度降到1.959。而根据2005～2015年碳排放强度的实际值，经计算发现其年均降速为0.042，如果以这一趋势发展，预计到2020年碳排放强度值达到1.467，与2005年相比，下降幅度为47.40%，这说明到2020年城镇化发展所产生的碳排放的减排目标是能够完成的。也由此判断，我国目前在城镇化过程中所采取的减排措施是有效的。

7.3.2　未来制定碳减排策略的关键

根据7.3.1小节的分析，我国城镇化发展过程中所采取的碳减排措施是有效的，并能够保证2020年碳减排目标的实现。由此，在7.2节研究分析的基础上，本小节总结出城镇化发展过程中推动PC下降的关键因素为PFKE和PGE，在城镇化发展过程中如何促进这两个变量（减排措施）有效推动减排目标的完成，本小节将做深入分析。

1. 针对降低PFKE的减排措施

中国目前处于工业化发展中后期，工业发展处于由传统高能耗的发展模式向

低能耗集约型的现代工业模式转变过程中。因此，中国在城镇化发展过程中，具备进一步降低固定资产投资能耗强度的潜力，需要制定和实施严格的固定资产投资能耗标准来降低 PFKE。

此外，政府还需要制定大力发展现代服务业的支持性政策，调整固定资产投资更多投向高新技术产业和第三产业，将固定资产投资能耗强度的下降速度控制在科学、有效的范围内。

2. 针对降低 PGE 的减排措施

关于降低 PGE 的减排措施，可结合表 7.2 联立方程模型的计量结果分析。由表 7.2 可知，对 PGE 变动有贡献的变量共有十种，按其贡献系数的绝对值大小依次排序为：PFKE（系数为 0.891）、DFK（系数为 0.720）、S_2（系数为 0.612）、LK（系数为 0.280）、QL（系数为 0.280）、TFK（系数为 0.280）、CL（系数为 0.175）、S_3（系数为 0.111）、ER（系数为 0.034）和 FDI（系数为 0.021）。

首先，增加 LK、提高 QL 和 S_3 是首要选择的减排措施。通过进一步分析发现，中国城镇化发展将提高第三产业发展水平作为碳减排措施，具有极大的空间。因为截至 2015 年中国第三产业产值占 GDP 比重为 50.5%，这与世界发达国家第三产业占比 75% 和发展中国家第三产业占比 53% 相比，还有一定的差距。此外，增加人力资本和提高劳动生产率这两种减排措施，则主要依靠教育投入和技术创新，这也与中国经济依靠创新驱动的发展战略相吻合。因此，这两项措施势必成为降低碳排放强度切实可行的手段。其次，现阶段中国无法立即改变依靠固定资产投资和第二产业增长的经济发展模式，同时经济发展对城镇化发展也表现出越来越强的依赖性，因此，这三项措施虽然对碳排放强度的下降具有很强的效力，但是短期内是无法采用的。再次，PFKE 也是 PGE 下降的最关键因素，7.2 节已有分析，这与 S_2 下降和 S_2 内部向节约能耗转型的要求一致。最后，由于能源利用强度对碳排放强度有很大的影响，这与能源利用结构是分不开的，增加清洁能源利用比重和提高清洁能源利用技术，也能够在很大程度上降低碳排放强度。FDI 的投入对 PGE 的下降也是有促进作用的，但是直接影响力较弱，不能作为主要的减排手段考虑。

综上分析，在城镇化快速发展阶段转变经济增长方式、优化产业结构，以及多使用清洁能源和提高清洁能源利用技术成为中国经济低碳转型的核心手段。另外，环境规制手段对碳排放强度的下降也有一定的作用，这个手段是实施碳减排的法律依据与保障。

7.4 本 章 小 结

本章以2003～2015年199座地级及以上城市为研究样本,通过构建联立方程模型,将城镇化发展与碳排放纳入一个研究系统中;运用GMM对面板数据进行分析,系统梳理了两者的内在作用;同时对碳减排的成本与效益实施评估;在此基础上分析了 2020 年碳减排目标的可达性,并提出了碳减排策略实施的重点。主要研究结论有以下四方面。

第一,解决城镇化发展与碳减排之间矛盾的关键在于有效降低碳减排的经济成本。本章研究的碳减排措施中,只有降低能源强度和降低固定资产投资能耗强度这两项措施能够实现碳排放强度下降与经济增长的双赢,因此这两项措施成为较好的碳减排手段。而优化产业结构、增加人力资本、降低经济增长对固定投资的依赖、优化能源结构及加强环境规制等减排措施,都会支付不同程度的经济成本,所以减排手段的选用需要根据发展实际进行甄别。

第二,经过深入分析碳减排措施的实施对城镇化发展的影响,可得出如下结论:整体来看,八种减排措施的实施对城镇化发展的负向作用是很小的,只要保证第二产业占比的降幅不要超过第三产业占比的增幅,目前的减排措施对城镇化发展和城镇化的低碳转型是有积极作用的。

第三,对 2003～2015 年八个关键变量变动对碳减排的贡献及其所要付出的经济成本进行核算,发现这些减排措施带来的减排经济成本还是很大的,尤其是降低第二产业在 GDP 中的比重和优化能源结构两项减排措施,具有高成本、低收益的特性,这在减排策略制定过程中要慎重抉择。

第四,关于中国未来城镇化发展碳减排策略实施的重点,本章在对碳减排措施影响和效果评估研究的基础上,对 2005～2015 年的实际值和 2016～2020 年的预测值进行比对分析,发现目前的碳减排措施能够保证 2020 年城镇化发展实际碳减排目标的实现;同时总结出在城镇化发展过程中,推动碳排放强度下降的关键措施为降低能源强度和固定资产投资能耗强度;而从城镇化低碳转型这一长期发展目标来看,则需要从转变经济增长方式、优化产业结构,以及使用清洁能源和提高清洁能源利用技术,并加强环境规制力度几个方面着手。

第8章 城镇化低碳发展的政策建议及保障性措施

本章根据前文的理论综述、实证研究，尤其是第 7 章中碳减排策略实施重点的研究，提出城镇化低碳发展的政策建议及保障性措施，为"新常态"下城镇化发展的低碳转型提供思路。

8.1 政 策 建 议

8.1.1 建立促进城镇化低碳发展的政策体系与协调机制

先要明确城镇化发展在"新常态"发展背景下的战略意义。与世界上一些发展中国家的"过度城镇化"不同，中国的城镇化发展水平与世界发达国家甚至世界平均水平相比仍旧较低，加快推进新型城镇化和城乡一体化发展是目前国家的一项重大战略。而碳排放带来的一系列问题也在城镇化发展过程中日益突显出来。因此，新型城镇化提出了"以人为本""生态文明"的发展要求，这就需要研究和制定促进碳排放与经济增长协调发展的政策体系。但是新型城镇化发展与碳排放治理涉及的领域较广、部门也多，这就需要建立多部门的协调管理机制，通过明确职责和分工，使工作协调、有序进行。

8.1.2 将低碳发展纳入城镇发展规划与布局过程

城镇发展规划与布局，影响到城镇内部不同功能区域和基础设施的建设与分布，这对城镇的人口分布、通勤距离及居住选择都会产生深刻的影响。以节能减排和可持续发展的理念指导城镇规划与布局，进而削弱空间开发与更新对资源和环境的负面影响，形成低碳、高效、节能的城镇发展模式和空间模式。例如，提高城镇发展形态的紧凑度，避免空间扩展的无序和低密度。紧凑城镇发展模式能从以下几个方面降低能耗，从而达到减排的目的：一是缩短通勤距离、减少通勤时间，这样会降低私家车的交通油耗，减少交通碳排放；二是提高基础设施的使用频率，能够产生规模经济、降低运营成本，最重要的是能够避免重复建设造成的浪费；三是使居住空间更加合理，避免由人均居住面积的失控带来的家庭能耗的增加。

还可以通过城镇混合功能开发规划，合理布局城市功能空间，增强城镇内部不同功能间的互补性，从而降低能源需求与消耗。通过不同功能区域的混合开发与发展，以完善居民周边商业配套和服务，减少汽车出行需求量，形成有效和有序的城镇形态；有效和紧凑的城镇形态不仅能提升居民的居住质量，而且为居民生活、商业活动和生产活动提供了一个多元化的交互模式，从而促进能源利用方式的革新。另外，应提高规划的前瞻性，通过对人口发展趋势的预测，为城镇进一步发展预留合理的空间。

8.1.3　重视产业转型与升级并提高经济发展质量

当前中国，第二产业尤其是重型工业是能源消费和促使碳排放量增加的主体。对于产业发展，中国应按照发展前景、生态友好程度制定相关政策加以安排。从产业发展整体来看，加速发展第三产业，培育战略性新兴产业，抑制高耗能产业的过快增长，以优化产业结构达到降低城镇能耗、实现经济增长与碳排放脱钩的目的。同时，在产业内部继续推进转型升级。对第二产业，尤其是对高耗能、高污染、高排放产业进行改造，通过提升科技水平、增加产品附加值等方式，提升制造业在产业价值链上的位置，进而增强第二产业的竞争力。一方面将科技、信息、商业创新思维、服务理念等引入传统生产和制造环节中，引导第二产业由劳动和资源密集型向技术、知识、服务密集型方向转变，进而发展为服务型生产；另一方面围绕传统产业的生产业务拓展增值服务和产业领域，开展营销、技术服务、物流服务、电子商务、金融服务、信息服务等生产性服务，在提升产业产品价值的同时，带动城镇工业产业体系的升级。而对于第三产业，虽然其能耗量和能源强度相较于第二产业均较小，但是其发展速度和增长速度及能耗速度都在快速上升。因此，发展现代服务业，除了保证产值的增长，还需要考虑降低能耗，进而减少能耗带来的碳排放。

产业是推进城镇化发展的重要支撑，各城镇需要在对自身禀赋、发展条件和发展阶段进行评估的前提下，科学并有前瞻性地选择适合的产业。除此之外，需要严格执行产业准入标准，避免产业的低水平重复建设，在此基础上，再逐步发展第三产业，提高第三产业在 GDP 中的比重，发挥其在发展城镇经济、吸纳就业、提高居民生活水平等方面的作用。城镇化发展可通过促进经济增长方式由粗放型向集约型转变，由投资推动向消费拉动转变，并加快城镇产业结构调整及经济发展转型。

8.2　保障性措施

8.2.1　加强政府的环境规制职能

城镇化的低碳发展是社会经济发展进入"新常态"的必然要求，而其能够顺利转型，政府加强环境规制职能是关键，可从以下几个方面展开部署。

1. 完善相关的法律法规和政策

相关低碳发展的法律规制，是由国家制定和执行的社会行为准则，决定了低碳发展能否全面推行。我国政府也开始建立规范低碳发展的相关约束体系，主要包括如下几个方面：第一，对低碳发展相关的法律法规进行修订和完善，并确立科学发展的立法理念，如将可持续发展纳入《中华人民共和国土地管理法》《中华人民共和国可再生能源法》中。第二，完善具体可执行的制度措施，如排污权交易制度、环境影响评价制度，出台《中央企业节能减排监督管理暂行办法》等规章。第三，把低碳发展纳入重大政策性文件，如国务院发布的《"十二五"控制温室气体排放工作方案》，随后国家发改委发布的《国家应对气候变化规划（2014—2020 年）》等。虽然以上相关的法律法规和政策措施对低碳发展有重要意义，但是，相关法律法规、条例、标准仍未形成体系，还需要进一步深入完善，只有这样才能为低碳发展的规范、科学转型提供长期稳定的政策支持。

2. 政府要逐步加强低碳监管

政府加强低碳监管可以从如下几个方面着手：一是强制要求相关发展主体遵守低碳标准，如对相关产品能耗标准与油耗标准的制定；二是建立起低碳发展的全程评级体系，形成源头预防、过程控制和事后治理的监管体系，保证低碳发展质量；三是实施环境行政处罚，形成宣传、教育和处罚相结合，服务与管理相结合的处罚原则，保证环境行政处罚的公正和严明，以促使低碳发展顺利进行。

3. 不断创新低碳发展的管理体制

我国目前已经形成了国家应对气候变化及节能减排工作领导小组领导、国家发改委管理、相关部门负责、各个地方和相关行业广泛参与的低碳发展管理体制，并且相关管理部门成立了研究中心和国际交流研究项目小组，一些科研机构和高校也成立了低碳发展研究机构，为政府的低碳发展管理建言献策。而当前低碳发展管理最紧迫的任务是建立温室气体排放统计制度、核算制度，做好低碳信息发布工作，并大力增强研发与科技能力，建立为低碳发展服务的人才体制、教育发展与培训体制，在实践中不断创新管理体制。

8.2.2 强化科技支撑以提升能源利用效率并优化能源结构

我国城镇发展过程中的能源利用结构与世界各国城镇相比，化石能源尤其是煤炭所占比重较大，优化能源利用结构、降低能源强度和提高能源整体的利用效率，需要通过提高清洁能源利用技术和科技创新能力来实现。发展清洁能源、降低对化石能源的依赖成为中国城镇碳减排的重要措施。

在传统化石能源利用方面，逐渐降低煤炭的使用比重，加强天然气等清洁能源的开发和使用，通过价格改革和管理方式创新，提高天然气市场的运作效率；同时，加快完善城镇燃料供应，如增加天然气管道的接入能力，减少煤炭的直接分散、低效利用，最大限度在生产、生活领域提高城镇的气化水平及燃料供应质量。

此外，要大力发展新型能源。加大科研投入，开发可再生能源，提高可再生能源利用技术。根据不同城镇的资源禀赋和特点，因地制宜地开发水能、风能、太阳能、核能等。同时通过市场定价、准入门槛制定等管理手段，提高清洁能源的实际利用率。

8.2.3 深入探索低碳城镇和社区建设试点

2015 年下发了《国家发展改革委关于加快推进国家低碳城（镇）试点工作的通知》（简称《通知》），《通知》"选定广东深圳国际低碳城、广东珠海横琴新区、山东青岛中德生态园、江苏镇江官塘低碳新城、江苏无锡中瑞低碳生态城、云南昆明呈贡低碳新区、湖北武汉花山生态新城、福建三明生态新城作为首批国家低碳城（镇）试点"。这些城镇的低碳发展将为全国新型城镇化发展提供实践经验，并发挥出引领和示范作用。

本书总结出的低碳城镇和社区建设的实践经验有：第一，做好整体上的规划和布局，还要围绕低碳发展制定相应的路线图和时间表；通过政策手段，创新管理体制和机制，建立生态、资源和环境友好、持续发展的城镇化模式。第二，探索建立低碳化发展的产城融合模式，通过采用先进的管理方法和科学的技术手段，从规划、建设、运营、管理全过程促进产城低碳融合，并推行和倡导绿色低碳的生产、生活方式。第三，总结低碳城镇管理和运营的有益的经验与方法，并积极向全国推广，为城镇化低碳建设或者转型提供良好的借鉴和案例。

社区是城镇生活的基本单元，应积极推进绿色低碳发展，引导社区居民了解、接受，并逐步践行绿色低碳的生活方式和消费模式。例如，相关部门结合社区实际，探索建立高效的社区能源利用和生活方式；利用地热、浅层地温能、工业余热为社区供能，从而提高能源使用效率；还可建立社区节电、节水、出行等方面的低碳行为规范。

8.2.4　建立低碳市场交易制度

自 2013 年以来，碳排放权交易在北京、天津、上海、重庆、湖北、广东和深圳等地展开试点。截至 2017 年 11 月，累计配额成交量达到 2 亿吨 CO_2 当量，约 46 亿元人民币[①]。2017 年 12 月 18 日，国家发改委经国务院同意，印发《全国碳排放权交易市场建设方案（发电行业）》的通知，备受市场关注的全国碳排放权交易体系正式启动。

发展碳市场，可推动我国的节能减排从以政府驱动为主转向以市场导向为主，从以公共财政补贴驱动为主转向以商业利益牵引为主的转型。同时，发展碳市场能强化企业节能减排的压力与责任，倒逼企业改良技术设备、降低能耗。完善碳市场制度规范，应及时制定出台碳会计准则和企业会计财务管理准则，并建立起重点企业碳排放报告管理制度、碳排放权交易第三方核查机构管理办法、重点企业温室气体排放核查制度等，并且发展碳市场能促进企业加强碳资产管理，通过市场交易获取利润，从而改善财务业绩、增强竞争优势。另外，围绕碳市场，还会出现碳咨询、碳培训、碳交易核算等新业态。

虽然经历了近几年（2013～2017 年）的试点，但并不等于我国碳市场的信用机制已经建立起来。特别是碳排放量可作为进行碳配额分配的最主要依据，但此前其数据来源是企业自计自报，这就涉及数据的真实性管理问题，不仅关系到碳排放总量的确定及配额指标的配给，还会对碳价形成影响，甚至扭曲市场定价机制。为此，除了引进第三方审查机制外，还要增强行业协会及能效领跑企业对基础数据真伪的筛选作用，探索及时、全面公布所有碳排放数据信息，以增强透明度，从而做出真伪甄别与纠偏。

制度规范乃是碳市场有序运转的基础。眼下，我国有关全国碳市场的法律制

---

① 资料来源：全国碳排放交易体系启动　中国碳市场会是什么样？http://www.xinhuanet.com/2017-12/20/c_1122137497.htm

度框架还没有构建起来。建议及时完善市场交易层面的相关规则，如信息披露规则、配额抵消规则等，建立起相应的违规惩罚制度。

目前来看，全国碳市场将采取中央和地方两级管理制度，国家有关部门定标准、定总量，企业配额分配由地方政府执行。但无论是总量额定还是配额分解，都既要注重数据基础和质量，也要充分考虑地区与行业差异、企业竞争地位和风险承接能力等因素，还要关注宏观经济环境的影响，以尽可能提高配额分配的精准度。为防止配额分配不公及不正当交易，可建立企业申诉渠道与结果公示制度，确保碳市场的阳光化运行。

8.3　本　章　小　结

本章结合前文综述部分中发达国家的低碳发展经验及实证分析，并从我国城镇化与碳排放发展现状出发，从建立促进城镇化低碳发展的政策体系与协调机制，将低碳发展纳入城镇发展规划与布局过程，重视产业转型与升级并提高经济发展质量三个方面提出政策建议；接着从加强政府的环境规制职能，强化科技支撑以提升能源利用效率并优化能源结构，深入探索低碳城镇和社区建设试点，建立低碳市场交易制度四个方面提出了保障城镇化低碳发展的具体措施。

第9章 结论与展望

9.1 研究主要结论

本书以快速发展阶段的城镇化与碳排放的作用关系及碳减排策略作为研究主题，综合理论与实证分析，运用多学科的研究工具和方法，得出如下几方面结论。

9.1.1 碳排放对城镇化发展的制约

本书通过对中国城镇化和碳排放发展、变化及其现状的分析，发现中国城镇化的发展水平与本国的工业化发展水平、非农化水平，以及处于同一发展阶段和同等收入水平的国家相比都相对滞后；结合中国城镇化目前处于快速发展的阶段的现状，城镇化的发展速度基本是合理的，而城镇化质量则亟待提升；运用综合评价方法对城镇化的发展状况进行评价，发现城镇化发展水平与人口城镇化在2003～2015年的变化趋势基本一致；同时结合综合测度指标，基于主成分分析法将研究的 199 座地级及以上城市分为发达城市、中等发达城市和一般城市三类，这为后面深入分析城镇化发展与碳排放的作用关系提供依据。而关于中国城镇碳排放现状的分析，本书则是在说明了中国城镇层面碳排放核算方法的前提下，发现中国城镇碳排放量逐年增加；中国城镇碳排放强度不断下降，但相较世界平均水平还是偏高；中国城镇人均碳排放量有明显的变化周期，但整体趋势是在降低；中国城镇碳排放效率整体上是有提升的，同时四个区域碳排放效率的差距也在逐步缩小。在对中国城镇化与城镇碳排放发展现状进行总结的基础上，本书发现了传统发展模式下的中国城镇化发展与碳排放存在诸多问题：传统城镇化发展模式造成发展偏差，碳排放约束城镇发展和城镇质量提升，碳排放导致城镇生态环境恶化。这些问题产生的根源就是忽视城镇化发展与碳排放的内在联系，将城镇化与碳排放等一系列资源环境问题对立割裂开来，没有系统考虑和安排城镇化的发展方式，从而导致城镇化发展进程出现偏差。

9.1.2　城镇化发展与碳排放从不同方面相互影响

关于城镇化发展对碳排放的影响和效应，本书分别从直接作用和间接作用分析。直接作用分析发现经济增长、人口增加和城镇化发展对碳排放量具有增量效应；碳排放强度对碳排放量具有减量效应；人口数对碳排放量的贡献程度最大，碳排放强度次之，然后是城镇化水平、经济发展水平。而间接作用则从城镇化发展所产生的规模效应、结构效应和技术效应三个方面分析，结果显示三者对碳排放的影响显著，达到解释量的 96%；相较而言，技术效应影响程度最大，规模效应次之，结构效应最小。但是具体到不同的城市，发现规模效应在"一般城市"中对碳排放的影响程度最大，结构效应在"发达城市"中对碳排放的影响程度最大，技术效应也在"发达城市"中对碳排放的影响程度最大。

关于碳排放对城镇化发展的影响，本书从约束作用和经济作用两个角度展开。碳排放对城镇化发展的约束作用体现在两个方面：一方面是碳排放带来环境污染、气候异常等一系列问题，面临着国际社会和国内发展的双重治理压力；另一方面则是碳排放与城镇化发展之间的矛盾，即碳排放对经济增长和城镇化发展具有"尾效"作用。存在碳排放的约束条件与不存在相比，研究样本的经济增长和城镇化水平的增长率分别减少了 2.38% 和 15.96%，在城镇化进程中，碳排放的约束作用不容忽视。碳排放对城镇化发展的经济作用则从三个经济效应分析：一是碳排放是城镇经济活动的非期望产出，进而约束城镇经济发展；二是碳排放的负外部性会造成经济发展过程中"劣币驱逐良币"的局面，最终影响城镇整体的经济发展；三是碳排放会造成人均消费增长停滞和环境质量恶化，进而对经济增长的整体影响也会显现出来，经济增长也将不可持续。

9.1.3　从城镇化发展与碳排放整体关系看，城镇化发展尤其是经济发展对碳排放的依赖程度仍较高

本书以 2003～2015 年 199 座地级及以上城市为研究样本，从以下四个角度分析了城镇化与碳排放的整体关系：一是结合 EKC 模型，运用空间计量经济学相关研究方法，发现处于快速发展阶段的城镇化，其经济增长与碳排放存在倒"U"形曲线，即符合 EKC 模型；同时各个城市的人均碳排放存在空间依赖性。二是经过格兰杰因果检验分析，证实城镇化发展是碳排放的重要原因，而碳排放量的增加并不能推动城镇化水平的提高。如果仍旧依照现有的模式发展，城镇化的推进将会导致碳排放量的持续增加。三是对 199 座地级及以上城市聚类出

的三类城市的耦合关系和耦合协调度进行了分析，发现三类城市的城镇化发展与碳排放耦合度都处于拮抗阶段，将进入城镇化发展与碳排放耦合关系的磨合阶段。而关于城镇化发展与碳排放的耦合协调度，一般城市要高于发达城市和中等发达城市，后面两者在发展过程中需要注意城镇化发展与碳排放的发展协调性，如在追逐城镇化水平快速提升的过程中，需要处理好城镇化发展与能耗和碳排放的关系。四是对城镇化发展过程中的经济增长和碳排放进行脱钩关系分析，总体来看，在 2003～2015 年城镇化快速发展阶段，中国城市经济增长对碳排放的依赖程度经历了由强变弱的过程，这说明经济增长方式逐渐由粗放型向集约型转变，经济增长并未使碳排放强度显著增强。

9.1.4　城镇化快速发展阶段的碳减排策略分析、评估及未来实施重点

本书最后在前文对两者相互作用关系研究的基础上，将城镇化发展与碳排放纳入同一个研究系统中，对城镇化快速发展阶段的碳减排策略展开研究。研究发现，降低能源强度和固定资产投资能耗强度这两项措施能够实现碳排放强度下降与经济增长的双赢，这两项措施成为较好的碳减排手段。通过深入分析碳减排策略的实施对城镇化发展的影响，发现目前实施的八种减排措施对城镇化发展的负向作用很小，只要第二产业占比的降幅不要超过第三产业占比的增幅，目前的减排措施对城镇化发展和城镇化的低碳转型会有积极作用。然而，这些减排措施带来的经济成本很大，尤其是降低第二产业在 GDP 中的比重和优化能源结构两项减排措施，具有高成本、低收益的特性。在以上分析和评估的基础上，本书对2003～2015 年的实际值和 2016～2020 年的预测值进行比对分析，发现目前的碳减排措施能够保证 2020 年城镇化发展实际碳减排目标的实现；同时总结出在城镇化发展过程中，推动碳排放强度下降的关键措施为降低能源强度和固定资产投资能耗强度；而从城镇化低碳转型这一长期发展目标看，则需要从转变经济增长方式、优化产业结构，以及使用清洁能源和提高清洁能源利用技术，并加强环境规制力度等几个方面着手。

9.2　研究的创新点

9.2.1　从城市层面对碳排放的发展及碳减排策略进行分析

已有的对碳排放发展现状的研究大多集中在宏观层面，对其影响因素的研究

也多倾向于分析其宏观机理，而在不同的研究尺度上，碳排放的影响因素是存在差异的。现有大量的实证研究多以全球和国家宏观尺度为例，而以国家内部省级尺度和城市层面的面板数据作为研究实例的则比较缺乏。因此，对城市碳排放影响因素的研究也较难以深入。

本书以《城市温室气体核算国际标准》作为核算标准和工具，计算出了2003~2015年199座地级及以上城市的碳排放量。基于城市层面的碳排放面板数据，研究了城镇化发展与碳排放的发展现状、存在问题及作用关系，最后又分析和评估了城镇化快速发展阶段的碳减排策略。从城市层面研究碳排放的发展不仅使本书的研究结论更加准确、客观、科学，更是对本领域研究的一次深入探索。

9.2.2 系统、深入地研究中国城镇化与碳排放的作用关系

已有的研究大多选用一个角度或者几个要素来分析城镇化与碳排放之间的关联和影响。本书从多角度、多层次分析了两者的相互作用、影响效果及整体关系。综合运用了 STIRPAT 模型分析、"尾效"分析、非期望产出分析、负外部性分析、Solow 增长模型平衡增长分析、结合空间计量经济学分析方法的 EKC 模型分析、因果关系分析、耦合关系分析、脱钩关系分析等多种分析工具和方法，深入研究了城镇化与碳排放的内在联系和作用。多种研究手段的运用，一方面增强了研究的逻辑性，另一方面使研究层次更具递进性，这也提高了本书研究成果的适用性。

9.2.3 将城镇化发展与碳排放纳入同一个分析系统中，并引入经济成本理论，研究城镇化快速发展阶段的碳减排策略

已有的对城镇化发展与碳排放之间关系的研究主要强调彼此的互动性和关联性，或者突出强调某一方面对另一方面的影响，如大多强调城镇化发展对碳排放的影响。本书在两者关联分析的基础上，将城镇化与碳排放视为复合系统中有机联系的两个子系统，分析其发展现状及存在的问题，同时对碳减排的一系列措施进行经济成本核算和预测。本书对碳减排策略的制定和实施的研究，不仅考虑减少碳排放量，而且兼顾城镇化发展和经济增长。

9.3 研究不足与展望

城镇化发展过程中的碳减排问题是中国"新常态"下经济、社会、资源、环

境多方面协调、可持续发展的重要内容之一，涉及的发展系统和发展层面有很多，需要研究的领域也很广泛。

本书研究侧重于系统分析，将城镇化发展和碳排放置于一个复合系统中，研究其作用关系，并提出碳减排策略。从发展的观点看，城镇化发展是有阶段性的，而本书把研究时段局限在 2003～2015 年这个城镇化快速发展阶段，对城镇化发展的历史回顾和未来预测的内容涉及较少，这对理解城镇化发展在不同阶段与碳排放的关系会存有一定的偏差。此外，2016 年《中国城市统计年鉴》显示，截至 2015 年 12 月，中国（不包括港澳台地区）一共有 276 座地级及以上城市，但是受到数据发布及数据质量的限制，本书的研究样本只选择了 199 座地级及以上城市，虽然整体上能够反映中国地级及以上城市的城镇化发展及其碳排放现状，但是对于做对比研究的说服力较弱。例如，本书在第 3 章运用主成分分析法对城市做了聚类，将这 199 座地级及以上城市分为"发达城市"、"中等发达城市"和"一般城市"，但在后面的对比分析中发现许多情况下三者的差异并不显著（只在 4.2 节、6.2 节和 6.3 节有涉及三类城市的对比研究）。因此，在多数情况下，本书的实证分析还是将 199 座地级及以上城市作为一个整体，利用其相关面板数据做相关研究。

基于本书存在的上述不足，后续研究需要在中国城镇化发展的演进历程及发展路径方面做更多的梳理，以更加深入地理解城镇化发展与碳排放的关系及其作用机理；在样本选取方面，尽量平衡各个区域的城市数量，这样对于深入比较城镇化发展与碳排放的区域差异、模式差异和阶段差异，以及差异化的碳减排策略的制定具有深远的现实意义。在研究方法上，本书可以利用更加系统、先进的建模技术，如 CGE 及一些计算机仿真技术，对城镇化、碳排放及碳减排带来的成本进行政策模拟，为"新常态"下的城镇低碳转型策略制定提供更加稳健、科学的依据和参考。以上几个方面都是日后作者继续研究需要完善的地方及努力的方向。

参 考 文 献

阿吉翁 P，霍依特 P. 2004. 内生增长理论[M]. 陶然译. 北京：北京大学出版社：24-32.

巴顿 K J. 1984. 城市经济学：理论和政策[M]. 北京：商务印书馆：12-30.

巴曙松，邢毓静，杨现领. 2010. 城市化与经济增长的动力：一种长期观点[J]. 改革与战略，26（2）：16-19.

波金斯 D H，拉德勒 S，林道尔 D L. 2013. 发展经济学[M]. 北京：中国人民大学出版社：13-28.

蔡昉，都阳，王美艳. 2008. 经济发展方式转变与节能减排内在动力[J]. 经济研究，（6）：4-11，36.

曹静. 2009. 走低碳发展之路：中国碳税政策的设计及 CGE 模型分析[J]. 金融研究，（12）：19-29.

柴彦威，肖作鹏，刘志林. 2012. 居民家庭日常出行碳排放的发生机制与调控策略——以北京市为例[J]. 地理研究，31（2）：334-344.

陈飞，诸大建. 2009a. 低碳城市研究的理论方法与上海实证分析[J]. 城市发展研究，16（10）：71-79.

陈飞，诸大建. 2009b. 低碳城市研究的内涵、模型与目标策略确定[J]. 城市规划学刊，（4）：7-13.

陈鸿宇，周立彩. 2001. 城市化与产业结构关系探讨[J]. 岭南学刊，（6）：53-57.

陈明星，陆大道，张华. 2009. 中国城市化水平的综合测度及其动力因子分析[J]. 地理学报，64（4）：387-398.

陈明星，唐志鹏，白永平. 2013. 城市化与经济发展的关系模式——对钱纳里模型的参数重估[J]. 地理学报，68（6）：739-749.

陈强远，梁琦. 2014. 技术比较优势、劳动力知识溢出与转型经济体城镇化[J]. 管理世界，（11）：47-59.

陈劭锋，李志红. 2009. 科技进步、碳排放的演变与中国应对气候变化之策[J]. 科学技术哲学研究，26（6）：102-107.

陈诗一. 2009. 能源消耗、二氧化碳排放与中国工业的可持续发展[J]. 经济研究，（4）：41-55.

陈诗一. 2011. 中国碳排放强度的波动下降模式及经济解释[J]. 世界经济，（4）：124-143.

陈晓玲，徐舒，连玉君. 2015. 要素替代弹性、有偏技术进步对我国工业能源强度的影响[J]. 数量经济技术经济研究，（3）：58-76.

陈迅，吴兵. 2014. 经济增长、城镇化与碳排放关系实证研究——基于中国、美国的经验[J]. 经济问题探索，（7）：112-117.

程开明. 2007. 城市化与经济增长的互动机制及理论模型述评[J]. 经济评论，（4）：143-150.

程开明. 2010. 城市化促进技术创新的机制及证据[J]. 科研管理，31（2）：26-34.

程新金，孙继明，雷恒池，等. 2004. 中国二氧化硫排放控制的效果评估[J]. 大气科学，28（2）：174-186.

戴诰芬. 2010. 都市土地使用与二氧化碳浓度影响之关联研究[D]. 成功大学都市计划学系硕士学位论文.

戴亦欣. 2009. 低碳城市发展的概念沿革与测度初探[J]. 现代城市研究，24（11）：7-12.

戴育琴，欧阳小迅. 2006. "污染天堂假说"在中国的检验[J]. 企业技术开发，12（25）：91-93.

杜立民. 2010. 我国二氧化碳排放的影响因素：基于省级面板数据的研究[J]. 南方经济，28（11）：20-33.

方创琳，等. 2014. 中国新型城镇化发展报告[M]. 北京：科学出版社：14-18.

方创琳，黄金川，步伟娜. 2004. 西北干旱区水资源约束下城市化过程及生态效应研究的理论探讨[J]. 干旱区地理，27（1）：1-7.

方创琳，王德利. 2011. 中国城市化发展质量的综合测度与提升路径[J]. 地理研究，30（11）：1931-1946.

方创琳，周成虎，顾朝林，等. 2016. 特大城市群地区城镇化与生态环境交互耦合效应解析的理论框架及技术路径[J]. 地理学报，71（4）：531-550.

方恺，沈万斌，董德明. 2013. 经济增长和技术进步对吉林省能源足迹的影响分析[J]. 干旱区地理，36（1）：186-193.

方齐云，吴光豪. 2016. 城市二氧化碳排放和经济增长的脱钩分析——以武汉市为例[J]. 城市问题，（3）：56-61.

冯泰文，孙林岩，何哲. 2008. 技术进步对中国能源强度调节效应的实证研究[J]. 科学学研究，26（5）：987-993.

冯相昭，邹骥. 2008. 中国 CO_2 排放趋势的经济分析[J]. 中国人口·资源与环境，18（3）：43-47.

付允，汪云林，李丁. 2008. 低碳城市的发展路径研究[J]. 科学对社会的影响，（2）：5-10.

傅京燕，李丽莎. 2010. 环境规制、要素禀赋与产业国际竞争力的实证研究——基于中国制造业的面板数据[J]. 管理世界，（10）：87-98.

高明，吴雪萍，郭施宏. 2016. 城市化进程、环境规制与大气污染——基于 STIRPAT 模型的实证分析[J]. 工业技术经济，35（9）：110-117.

高铁梅. 2016. 计量经济分析方法与建模[M]. 3 版. 北京：清华大学出版社：34-55.

高颖，李善同. 2009. 征收能源消费税对社会经济与能源环境的影响分析[J]. 中国人口·资源与环境，19（2）：30-35.

龚利，郭菊娥，张国兴. 2010. 环境税条件下项目可进入与退出期权博弈分析[J]. 中国人口·资源与环境，20（4）：90-94.

辜胜阻，刘江日. 2012. 城镇化要从"要素驱动"走向"创新驱动"[J]. 人口研究，36（6）：3-12.

顾朝林. 2004. 改革开放以来中国城市化与经济社会发展关系研究[J]. 人文地理，19（2）：1-5.

关海玲，陈建成，曹文. 2013. 碳排放与城市化关系的实证[J]. 中国人口·资源与环境，23（4）：111-116.

郭郡郡，刘成玉，刘玉萍. 2013. 城镇化、大城市化与碳排放——基于跨国数据的实证研究[J]. 城市问题，（2）：2-10.

郭克莎. 2002. 工业化与城市化关系的经济学分析[J]. 中国社会科学，（2）：44-45.

郭韬. 2013. 中国城市空间形态对居民生活碳排放影响的实证研究[D]. 中国科学技术大学博士学位论文：20-53.

国务院发展研究中心，世界银行. 2014. 中国：推进高效、包容、可持续的城镇化[M]. 北京：中国发展出版社：20-44.

韩坚，魏玮. 2011. 多维视角下低碳城市理论内涵及其发展研究综述[J]. 国外社会科学，（6）：45-49.

洪业应. 2012. 人口城镇化与经济增长、产业结构关系的实证研究[C]. 黄冈：第六届中国中部地区商业经济论坛：1-7.

胡建辉，蒋选. 2015. 城市群视角下城镇化对碳排放的影响效应研究[J]. 中国地质大学学报（社会科学版），（6）：11-21.

胡振亚，汪荣. 2012. 工业化、城镇化与科技创新协同研究[J]. 科学管理研究，30（6）：5-8.

胡宗义，蔡文彬，陈浩. 2008. 能源价格对能源强度和经济增长影响的 CGE 研究[J]. 财经理论与实践，29（152）：91-95.

黄金川，方创琳. 2003. 城市化与生态环境交互耦合机制与规律性分析[J]. 地理研究，22（2）：211-220.

黄晓燕，李沛权，曹小曙. 2014. 广州社区居民通勤碳排放特征及其影响机理[J]. 城市环境与城市生态，27（5）：32-38.

黄亚捷. 2015. 城镇化水平对产业结构调整影响研究[J]. 广东社会科学，（6）：22-29.

霍杰. 2015. 经济增长、外商直接投资和能源消费——基于面板数据联立方程模型的经验研究[J]. 科技管理研究，35（18）：241-247.

霍金炜，杨德刚，唐宏. 2012. 新疆碳排放影响因素分析与政策建议[J]. 地理科学进展，31（4）：435-441.

简新华，黄锟. 2010. 中国城镇化水平和速度的实证分析与前景预测[J]. 经济研究，（3）：28-38.

蒋南平，王向南，朱琛. 2011. 中国城镇化与城乡居民消费的启动——基于地级城市分城乡的数据[J]. 当代经济研究，（3）：62-67.

金三林. 2010. 国内能源效率偏低，二氧化碳排放量增长较快[EB/OL]. http://news.hexun.com/2010-07-06/124168370_1.html[2018-01-02].

金石. 2008. WWF 启动中国低碳城市发展项目[J]. 环境保护，（3）：22.

蓝家程，傅瓦利，袁波，等. 2012. 重庆市不同土地利用碳排放及碳足迹分析[J]. 水土保持学报，26（1）：146-150，155.

蓝庆新，陈超凡. 2013. 新型城镇化推动产业结构升级了吗?——基于中国省级面板数据的空间计量研究[J]. 财经研究，39（12）：57-71.

黎孔清，陈银蓉，陈家荣. 2013. 基于 ANP 的城市土地低碳集约利用评价模型研究——以南京市为例[J]. 经济地理，33（2）：156-161.

李斌，李拓. 2015. 环境规制、土地财政与环境污染——基于中国式分权的博弈分析与实证检验[J]. 财经论丛，（1）：99-106.

李伯涛. 2012. 碳定价的政策工具选择争论：一个文献综述[J]. 经济评论，（2）：153-160.

李虹. 2011. 中国化石能源补贴与碳减排——衡量能源补贴规模的理论方法综述与实证分析[J].

经济学动态，（3）：92-96.

李郇. 2005. 中国城市化滞后的经济因素——基于面板数据的国际比较[J]. 地理研究，24（3）：421-431.

李江. 2016. 要素价格扭曲、外商直接投资对城市能源效率的影响——以中国 260 个地级市为例[J]. 城市问题，（8）：4-13.

李锴，齐绍洲. 2011. 贸易开放、经济增长与中国二氧化碳排放[J]. 经济研究，（11）：60-72，102.

李克强. 2012. 协调推进城镇化是实现现代化的重大战略选择[J]. 行政管理改革，（11）：4-10.

李丽莎. 2011. 论城镇化对产业结构与就业结构的影响[J]. 商业时代，（18）：15，16.

李廉水，周勇. 2006. 技术进步能提高能源效率吗?——基于中国工业部门的实证检验[J]. 管理世界，（10）：82-89.

李忠民，宋凯，孙耀华. 2011. 碳排放与经济增长脱钩指标的实证测度[J]. 统计与决策，（14）：86-88.

厉以宁. 2011. 关于中国城镇化的一些问题[J]. 当代财经，（1）：5，6.

梁日忠，张林浩. 2013. 1990—2008 年中国化学工业碳排放脱钩和反弹效应研究[J]. 资源科学，35（2）：268-274.

廖俊豪. 2010. 都市化过程中碳吸存及排放之生命周期评估：以林口特定区为例[C]. 中国台南：第十四届国土规划论坛（学生场）：4-15.

林伯强，蒋竺均. 2009. 中国二氧化碳的环境库兹涅茨曲线预测及影响因素分析[J]. 管理世界，（4）：27-36.

林伯强，蒋竺均，林静. 2009. 有目标的电价补贴有助于能源公平和效率[J]. 金融研究，（11）：1-18.

林伯强，刘希颖. 2010. 中国城市化阶段的碳排放：影响因素和减排策略[J]. 经济研究，（8）：66-78.

林伯强，孙传旺. 2011. 如何在保障中国经济增长前提下完成碳减排目标[J]. 中国社会科学，（1）：64-76.

林善浪，张作雄，刘国平. 2013. 技术创新、空间集聚与区域碳生产率[J]. 中国人口·资源与环境，23（5）：36-45.

林毅夫. 2013. 解读中国经济[J]. 南京农业大学学报（社会科学版），13（2）：1-10.

林永生，马洪立. 2013. 大气污染治理中的规模效应、结构效应与技术效应——以中国工业废气为例[J]. 北京师范大学学报（社会科学版），（3）：129-136.

刘畅，崔艳红. 2008. 中国能源消耗强度区域差异的动态关系比较研究——基于省（市）面板数据模型的实证分析[J]. 中国工业经济，（4）：34-43.

刘耀彬. 2006. 中国城市化发展与经济增长关系的实证分析[J]. 商业研究，（24）：23-27.

卢祖丹. 2011. 我国城镇化对碳排放的影响研究[J]. 中国科技论坛，（7）：134-140.

陆大道，姚士谋，刘慧，等. 2007. 2006 中国区域发展报告——城镇化进程及空间扩张[M]. 北京：商务印书馆：23-45.

陆文婷，戴菲，骆佳. 2013. 国内外应对气候变化的城市规划研究进展[C]. 青岛：2013 年中国城市规划年会.

栾贵勤，马韫璐. 2014. 新型城镇化进程中的失衡性挑战与对策[J]. 宏观经济管理，（10）：52-54.

马凤鸣. 2012. 产业结构转换与城市化[J]. 长春大学学报, 22（3）: 278-282.

马海良, 黄德春, 姚惠泽. 2012. 技术创新、产业绩效与环境规制——基于长三角的实证分析[J]. 软科学, 26（1）: 1-5.

马晓哲, 王铮. 2015. 土地利用变化对区域碳源汇影响研究进展[J]. 生态学报, 35（17）: 1-13.

马孝先. 2014. 中国城镇化的关键影响因素及其效应分析[J]. 中国人口·资源与环境, 24（12）: 117-124.

马中东, 陈莹. 2010. 环境规制约束下企业环境战略选择分析[J]. 科技进步与对策, 27（11）: 110-113.

孟庆峰, 李真, 盛昭瀚, 等. 2010. 企业环境行为影响因素研究现状及发展趋势[J]. 中国人口·资源与环境, 20（9）: 100-106.

米国芳, 长青. 2017. 能源结构和碳排放约束下中国经济增长"尾效"研究[J]. 干旱区资源与环境,（2）: 50-55.

聂尊辉. 2013. 城镇化对区域创新能力的影响——基于中国七大区域的实证研究[J]. 科技、经济、市场,（10）: 30-32.

牛文元. 2016. 中国新型城市化报告（2014）[M]. 北京: 科学出版社: 20-32.

潘海啸, 汤諹, 吴锦瑜, 等. 2008. 中国"低碳城市"的空间规划策略[J]. 城市规划学刊,（6）: 57-64.

潘家华. 2012. "地球工程"作为减缓气候变化手段的几个关键问题[J]. 中国人口·资源与环境, 22（5）: 22-26.

彭欢. 2010. 低碳经济视角下我国城市土地利用研究[D]. 湖南大学硕士学位论文: 20-67.

彭水军, 包群. 2006. 资源约束条件下长期经济增长的动力机制——基于内生增长理论模型的研究[J]. 财经研究, 32（6）: 110-119.

钱陈, 史晋川. 2007. 城市化、结构变动与农业发展——基于城乡两部门的动态一般均衡分析[J]. 经济学（季刊）, 6（1）: 57-74.

钱纳里 H, 赛尔昆 M. 1988. 发展的型式——1950—1970[M]. 北京: 经济科学出版社: 34-133.

仇怡. 2013. 城镇化的技术创新效应——基于 1990～2010 年中国区域面板数据的经验研究[J]. 中国人口科学,（1）: 26-35.

单福征, 於家, 赵军, 等. 2011. 上海郊区快速工业化的土地利用及碳排放响应——以张江高科技园区为例[J]. 资源科学, 33（8）: 1600-1607.

沈清基. 2013. 论基于生态文明的新型城镇化[J]. 城市规划学刊,（1）: 29-36.

沈清基, 任琛琛, 焦民. 2013. 理想空间: 生态与低碳城市[M]. 上海: 同济大学出版社: 13-19.

施建刚, 王哲. 2011. 中国城市化与经济增长关系实证分析[J]. 城市问题,（9）: 8-13.

宋德勇, 卢忠宝. 2009. 中国碳排放影响因素分解及其周期性波动研究[J]. 中国人口·资源与环境, 19（3）: 18-24.

孙昌龙, 靳诺, 张小雷, 等. 2013. 城市化不同演化阶段对碳排放的影响差异[J]. 地理科学, 33（3）: 266-272.

孙晓华, 柴玲玲. 2012. 产业结构与城市化互动关系的实证检验[J]. 大连理工大学学报（社会科学版）, 33（2）: 22-27.

孙耀华, 李忠民. 2011. 中国各省区经济发展与碳排放脱钩关系研究[J]. 中国人口·资源与环境, 21（5）: 87-92.

谭飞燕, 张雯. 2011. 中国产业结构变动的碳排放效应分析——基于省际数据的实证研究[J].

经济问题，（9）：32-35.

唐建荣，张白羽. 2012. 中国经济增长的碳排放尾效分析[J]. 统计与信息论坛，27（1）：66-70.

唐斓. 2017. 国家发改委：2016 年从五个方面着手加快推进新型城镇化[EB/OL]. http://news.cctv.com/2016/04/19/ARTIbiOm1mS7bQdTkOupXmOk160419.shtml[2018-02-01].

陶长琪，宋兴达. 2010. 我国 CO_2 排放、能源消耗、经济增长和外贸依存度之间的关系——基于 ARDL 模型的实证研究[J]. 南方经济，（10）：49-60.

陶磊，刘朝明，陈燕. 2008. 可再生资源约束下的内生增长模型研究[J]. 中南财经政法大学学报，（1）：16-19.

田立新，张蓓蓓. 2011. 中国碳排放变动的因素分解分析[J]. 中国人口·资源与环境，21（11）：1-7.

汪冬梅，刘廷伟，王鑫，等. 2003. 产业转移与发展：农村城市化的中观动力[J]. 农业现代化研究，24（1）：15-20.

汪友结. 2011. 城市土地低碳利用的外部现状描述、内部静态测度及动态协调控制[D]. 浙江大学博士学位论文：20-41.

王芳，周兴. 2012. 人口结构、城镇化与碳排放——基于跨国面板数据的实证研究[J]. 中国人口科学，（2）：47-56.

王锋，吴丽华，杨超. 2010. 中国经济发展中碳排放增长的驱动因素研究[J]. 经济研究，（2）：123-136.

王桂新，武俊奎. 2012. 城市规模与空间结构对碳排放的影响[J]. 城市发展研究，19（3）：89-95，112.

王海建. 2000. 资源约束、环境污染与内生经济增长[J]. 复旦学报（社会科学版），（1）：76-80.

王家庭. 2011. 我国"低成本、集约型"城镇化模式的理论阐释[C]. 天津：天津市社会科学界第七届学术年会.

王建康，谷国锋，姚丽，等. 2016. 中国新型城镇化的空间格局演变及影响因素分析——基于285 个地级市的面板数据[J]. 地理科学，36（1）：63-71.

王杰，刘斌. 2014. 环境规制与企业全要素生产率——基于中国工业企业数据的经验分析[J]. 中国工业经济，（3）：44-56.

王磊，龚新蜀. 2014. 城镇化、产业生态化与经济增长——基于西北五省面板数据的实证研究[J]. 中国科技论坛，（3）：99-105.

王磊. 2014. 基于投入产出模型的天津市碳排放预测研究[J]. 生态经济，30（1）：52-56.

王少鹏，朱江玲，岳超，等. 2010. 碳排放与社会经济发展——碳排放与社会发展 Ⅱ[J]. 北京大学学报（自然科学版），46（4）：505-509.

魏楚. 2011. 中国能源效率问题研究[M]. 北京：中国环境科学出版社：23-34.

魏下海，余玲铮. 2011. 空间依赖、碳排放与经济增长——重新解读中国的 EKC 假说[J]. 探索，（1）：100-105.

魏一鸣，刘兰翠，范英，等. 2008. 中国能源报告（2008）：碳排放研究[M]. 北京：科学出版社：14-54.

温涛，王汉杰. 2015. 产业结构、收入分配与中国的城镇化[J]. 吉林大学社会科学学报，（4）：134-143.

吴福象，刘志彪. 2008. 城市化群落驱动经济增长的机制研究——来自长三角 16 个城市的经验证据[J]. 经济研究，（11）：126-136.

吴巧生，成金华. 2006. 中国工业化中的能源消耗强度变动及因素分析——基于分解模型的实证分析[J]. 财经研究，32（6）：75-85.

吴晓华，李磊. 2014. 中国碳生产率与能源效率省际差异及提升潜力[J]. 经济地理，34（5）：105-108.

吴振球，谢香，钟宁波. 2011. 基于VAR中国城市化、工业化对第三产业发展影响的实证研究[J]. 中央财经大学学报，（4）：63-67.

武红，谷树忠，关兴良，等. 2013. 中国化石能源消费碳排放与经济增长关系研究[J]. 自然资源学报，（3）：381-390.

夏堃堡. 2008. 发展低碳经济实现城市可持续发展[J]. 环境保护，（3）：33-35.

肖宏伟，易丹辉. 2014. 基于时空地理加权回归模型的中国碳排放驱动因素实证研究[J]. 统计与信息论坛，29（2）：83-89.

肖慧敏. 2011. 中国产业结构变动的碳排放效应研究——基于省级面板数据[J]. 地域研究与开发，30（5）：84-87.

辛章平，张银太. 2008. 低碳经济与低碳城市[J]. 城市发展研究，15（4）：98-102.

徐安. 2011. 我国城市化与能源消费和碳排放的关系研究[D]. 华中科技大学博士学位论文：24-38.

徐国泉，刘则渊，姜照华. 2006. 中国碳排放的因素分解模型及实证分析：1995—2004[J]. 中国人口·资源与环境，16（6）：158-161.

徐如浓，吴玉鸣. 2016. 长三角城市群碳排放、能源消费与经济增长的互动关系——基于面板联立方程模型的实证[J]. 生态经济，32（12）：32-38.

徐雪梅，王燕. 2004. 城市化对经济增长推动作用的经济学分析[J]. 城市发展研究，11（2）：48-52.

徐盈之，徐康宁，胡永舜. 2011. 中国制造业碳排放的驱动因素及脱钩效应[J]. 统计研究，28（7）：55-61.

徐永娇. 2012. 中国工业行业环境效率与环境全要素生产率的研究[D]. 湖南大学硕士学位论文：45-67.

许广月，宋德勇. 2010. 中国碳排放环境库兹涅茨曲线的实证研究——基于省域面板数据[J]. 中国工业经济，（5）：37-47.

薛冰，郭斌. 2007. 西部生态环境治理的成本—收益分析——基于政府职能转变的视角[J]. 上海经济研究，（12）：112-114，122.

雅各布斯 J. 2007. 城市经济[M]. 项婷婷译. 北京：中信出版社：20-27.

杨芳. 2013. 技术进步对中国二氧化碳排放的影响及政策研究[M]. 北京：经济科学出版社：23-46.

杨士弘. 2006. 城市生态环境学[M]. 北京：科学出版社：20-36.

杨文举. 2007. 中国城镇化与产业结构关系的实证分析[J]. 经济经纬，（1）：78-81.

姚士谋，陆大道，王聪，等. 2011. 中国城镇化需要综合性的科学思维——探索适应中国国情的城镇化方式[J]. 地理研究，（11）：1947-1955.

叶祖达. 2009. 碳排放量评估方法在低碳城市规划之应用[J]. 现代城市研究，24（11）：20-26.

易善策. 2008. "双重转型"背景与中国特色城镇化道路[J]. 济南大学学报（社会科学版），18（6）：9-14.

殷军社，卢宏定. 2010. 我国环境治理的制度成本解析[J]. 生产力研究，（5）：170，171，

175.

于燕. 2015. 新型城镇化发展的影响因素——基于省级面板数据[J]. 财经科学，（2）：131-140.

袁博，刘凤朝. 2014. 技术创新、FDI 与城镇化的动态作用机制研究[J]. 经济学家，（10）：60-66.

张成，陆旸，郭路，等. 2011. 环境规制强度和生产技术进步[J]. 经济研究，（2）：113-124.

张成，于同申. 2012. 环境规制会影响产业集中度吗？：一个经验研究[J]. 中国人口·资源与环境，22（3）：98-103.

张华. 2016. 地区间环境规制的策略互动研究——对环境规制非完全执行普遍性的解释[J]. 中国工业经济，（7）：74-90.

张嫚. 2010. 环境规制约束下的企业行为——循环经济发展模式的微观实施机制[M]. 北京：经济科学出版社：31-45.

张泉，叶兴平，陈国伟. 2010. 低碳城市规划——一个新的视野[J]. 城市规划，34（2）：13-18，41.

张小平，王龙飞. 2014. 甘肃省农业碳排放变化及影响因素分析[J]. 干旱区地理，37（5）：1029-1035.

张颖，赵民. 2003. 论城市化与经济发展的相关性——对钱纳里研究成果的辨析与延伸[J]. 城市规划汇刊，（4）：10-18.

张占斌，张青，赵小平. 2013. 城镇化发展的产业支撑研究[M]. 石家庄：河北人民出版社：34-56.

张征宇，朱平芳. 2010. 地方环境支出的实证研究[J]. 经济研究，（5）：82-94.

张卓元. 2005. 深化改革，推进粗放型经济增长方式转变[J]. 经济研究，（11）：4-9.

赵桂梅，陈丽珍，孙华平，等. 2017. 基于异质性收敛的中国碳排放强度脱钩效应研究[J]. 华东经济管理，31（4）：97-103.

赵荣钦，黄贤金，钟太洋. 2010. 中国不同产业空间的碳排放强度与碳足迹分析[J]. 地理学报，65（9）：1048-1057.

赵伟，李芬. 2007. 异质性劳动力流动与区域收入差距：新经济地理学模型的扩展分析[J]. 中国人口科学，（1）：27-35.

郑长德，刘帅. 2011. 基于空间计量经济学的碳排放与经济增长分析[J]. 中国人口·资源与环境，21（5）：80-86.

郑春荣. 2015. 城镇化中的社会保障制度建设：来自拉美国家的教训[J]. 南方经济，33（4）：93-105.

郑海涛，胡杰，王文涛. 2016. 中国地级城市碳减排目标实现时间测算[J]. 中国人口·资源与环境，（4）：48-54.

中国科学院可持续发展战略研究组. 2009. 2009 中国可持续发展战略报告——探索中国特色的低碳道路[M]. 北京：科学出版社：221-230.

中国能源和碳排放研究课题组. 2009. 2050 中国能源和碳排放报告[M]. 北京：科学出版社：118-137.

周冰. 2011. 快速城市化时期潍坊城市用地扩展及其空间形态演变的影响因素[D]. 山东建筑大学硕士学位论文：34-56.

周军辉. 2011. 长沙市土地利用变化与碳收支协整性及因果关系研究[D]. 湖南师范大学硕士学位论文：12-26.

周一虹，乔岳. 2004. 环境污染治理成本与收益计量的理论研究[J]. 环境保护，（7）：52-55.

周一星. 1982. 城市化与国民生产总值关系的规律性探讨[J]. 人口与经济，（1）：28-33.

周一星. 1995. 城市地理学[M]. 北京：商务印书馆：17-34.

周一星. 2006. 关于中国城镇化速度的思考[J]. 城市规划，（S1）：32-35，40.

朱孔来，李静静，乐菲菲. 2011. 中国城镇化进程与经济增长关系的实证研究[J]. 统计研究，28（9）：80-87.

朱磊，张建清. 2017. 我国经济增长与区域碳排放的关系测度——基于 Tapio 脱钩理论和 EKC 假说的实证分析[J]. 江汉论坛，（10）：12-16.

朱勤，魏涛远. 2013. 居民消费视角下人口城镇化对碳排放的影响[J]. 中国人口·资源与环境，23（11）：21-29.

朱万里，郑周胜. 2014. 城镇化水平、技术进步与碳排放关系的实证研究——以甘肃省为例[J]. 财会研究，（6）：72-75.

庄贵阳. 2007. 低碳经济：气候变化背景下中国的发展之路[M]. 北京：气象出版社：1-23.

Adeyemi O I, Hunt L C. 2007. Modelling OECD industrial energy demand：asymmetric price responses and energy-saving technical change[J]. Energy Economics, 29（4）：693-709.

Al-mulali U, Che N B C S, Fereidouni H G. 2012. Exploring the bi-directional long run relationship between urbanization, energy consumption, and carbon dioxide emission[J]. Energy, 46（1）：156-167.

Ang B W. 1994. Decomposition of industrial energy consumption：the energy intensity approach[J]. Energy Economics, 16（3）：163-174.

Ang B W. 1999. Is the energy intensity a less useful indicator than the carbon factor in the study of climate change?[J]. Energy Policy, 27（15）：943-946.

Ang J B. 2009. CO_2 emissions, research and technology transfer in China[J]. Ecological Economics, 68（10）：2658-2665.

Anselin L. 1988. Model validation in spatial econometrics：a review and evaluation of alternative approaches[J]. International Regional Science Review, 11（3）：279-316.

Anselin L. 2001. Spatial effects in econometric practice in environmental and resource economics[J]. American Journal of Agricultural Economics, 83（3）：705-710.

Anselin L, Florax R J G M. 1995. New Directions in Spatial Econometrics[M]. New York：Springer：3-18.

Ansuategi A, Escapa M. 2002. Economic growth and greenhouse gas emissions[J]. Ecological Economics, 40（1）：23-37.

Arrow K J. 1962. The economic implications of learning by doing[J]. The Review of Economics Studies, 29（3）：155-173.

Audretsch D B, Feldman M P. 2004. Chapter 61-Knowledge spillovers and the geography of innovation[J]. Handbook of Regional and Urban Economics, 4：2713-2739.

Aunan K, Wang S. 2014. Internal migration and urbanization in China：impacts on population exposure to household air pollution（2000–2010）[J]. Science of the Total Environment, 481（1）：186-195.

Bacolod M, Blum B S, Strange W C. 2010. Elements of skill：traits, intelligences, education, and agglomeration[J]. Journal of Regional Science, 50（1）：245-280.

Bacolod M, Blum B S., Strange W C. 2009. Skills in the city[J]. Journal of Urban Economics, 65（2）：136-153.

Bai X M, Shi P J, Liu Y S. 2014. Realizing China's urban dream[J]. Nature, 509 (1799): 158-160.

Baum-snow N, Pavan R. 2009. Understanding the city size wage gap[C]. Meeting Papers. Society for Economic Dynamics: 88-127.

Behrens K, Duranton G, Robert-Nicoud F. 2014. Productive cities: sorting, selection, and agglomeration[J]. Journal of Political Economy, 122 (3): 507-553.

Beinhocker E, Oppenheim J, Irons B, et al. 2008. The carbon productivity challenge: curbing climate change and sustaining economic growth[R]. Mckinsey & Co.: 7-46.

Berrone P, Gomez-Mejia L R. 2009. Environmental performance and executive compensation: an integrated agency-institutional perspective[J]. The Academy of Management Journal, 52 (1): 103-126.

Berry C R, Glaeser E L. 2005. The divergence of human capital levels across cities[J]. Regional Science, 84 (3): 407-444.

Berry B J L. 1970. City Classification Handbook: Methods and Application[M]. New York: John Wiley & Sons: 34-57.

Birdsall N. 1992. Another look at population and global warming[J]. Washington D, 11: 12-45.

Bjertnæs G H. 2011. Avoiding adverse employment effects from electricity taxation in Norway: what does it cost?[J]. Energy Policy, 39 (9): 4766-4773.

Black D, Henderson V. 1999. A theory of urban growth[J]. Journal of Political Economy, 107 (2): 252-284.

Bovenberg A L, Smulders S A. 1996. Transitional impacts of environmental policy in an endogenous growth model[J]. International Economic Review, 37 (4): 861-893.

Brizga J, Feng K, Hubacek K. 2014. Drivers of greenhouse gas emissions in the Baltic States: a structural decomposition analysis[J]. Ecological Economics, 98 (2): 22-28.

Brückner M. 2012. Economic growth, size of the agricultural sector, and urbanization in Africa[J]. Journal of Urban Economics, 71 (1): 26-36.

Butnar I, Llop M. 2011. Structural decomposition analysis and input–output subsystems: changes in CO_2 emissions of Spanish service sectors (2000—2005) [J]. Ecological Economics, 70 (11): 2012-2019.

Buysse K, Verbeke A. 2003. Proactive environmental strategies: a stakeholder management perspective[J]. Strategic Management Journal, 24 (5): 453-470.

Cabugueira M F M. 2004. Portuguese experience of voluntary approaches in environmental policy[J]. Management of Environmental Quality: An International Journal, 15 (2): 174-185.

Cao Z, Wei J, Chen H-B. 2016. CO_2 emissions and urbanization correlation in China based on threshold analysis[J]. Ecological Indicators, 61: 193-201.

Carlino G A. 2001. Knowledge spillovers: cities' role in the new economy[J]. Business Review, 7 (Q4): 17-26.

Casler S D, Rose A. 1998. Carbon dioxide emissions in the U. S. Economy: a structural decomposition analysis[J]. Environmental and Resource Economics, 11 (3-4): 349-363.

Chai J, Guo J-E, Wang S-Y, et al. 2009. Why does energy intensity fluctuate in China?[J]. Energy Policy, 37 (12): 5717-5731.

Chang G H, Brada J C. 2006. The paradox of China's growing under-urbanization[J]. Economic

Systems, 30（1）: 24-40.

Chang Y F, Lewis C, Lin S J. 2008. Comprehensive evaluation of industrial CO_2 emission（1989–2004）in Taiwan by input-output structural decomposition[J]. Energy Policy, 36（7）: 2471-2480.

Chen H Y, Jia B S, Lau S S Y. 2008. Sustainable urban form for Chinese compact cities: challenges of a rapid urbanized economy[J]. Habitat International, 32（1）: 28-40.

Chikaraishi M, Fujiwara A, Kaneko S, et al. 2015. The moderating effects of urbanization on carbon dioxide emissions: a latent class modeling approach[J]. Technological Forecasting and Social Change, 90: 302-317.

Chung Y H, Färe R, Grosskopf S. 1995. Productivity and undesirable outputs: a directional distance function approach[J]. Microeconomics, 51（3）: 229-240.

Churkina G. 2008. Modeling the carbon cycle of urban systems[J]. Ecological Modelling, 216（2）: 107-113.

Climent F, Pardo A. 2007. Decoupling factors on the energy-output linkage: the Spanish case[J]. Energy Policy, 35（1）: 522-528.

Cocklin C, Keen M. 2000. Urbanization in the Pacific: environmental change, vulnerability and human security[J]. Environmental Conservation, 27（4）: 392-403.

Cole M A, Neumayer E. 2004. Examining the impact of demographic factors on air pollution[J]. Population and Environment, 26（1）: 5-21.

Combes P-P, Duranton G, Gobillon L. 2008. Spatial wage disparities: sorting matters[J]. Journal of Urban Economics, 63（2）: 723-742.

Dalton M, O'Neill B, Prskawetz A, et al. 2008. Population aging and future carbon emissions in the United States[J]. Energy Economics, 30（2）: 642-675.

Das A, Paul S K. 2014. CO_2 emissions from household consumption in India between 1993-1994 and 2006-2007: a decomposition analysis[J]. Energy Economics, 41: 90-105.

David M, Nimubona A-D, Sinclair-Desgagné B. 2011. Emission taxes and the market for abatement goods and services[J]. Resource and Energy Economics, 33（1）: 179-191.

Davis J C, Henderson J V. 2003. Evidence on the political economy of the urbanization process[J]. Journal of Urban Economics, 53（1）: 98-125.

Dean T J, Brown R L. 1995. Pollution regulation as a barrier to new firm entry: initial evidence and implications for future research[J]. The Academy of Management Journal, 38（1）: 288-303.

Department for Business, Enterprise and Regulatory Reform, Department of Energy and Climate Change. 2009. Low carbon industrial strategy: a vision[R]. UK.

Department of Trade and Industry. 2006. Low carbon building programme[R]. UK.

Diakoulaki D, Mavrotas G, Orkopoulos D, et al. 2006. A bottom-up decomposition analysis of energy-related CO_2 emissions in Greece[J]. Energy, 31（14）: 2638-2651.

Dinda S, Coondoo D. 2006. Income and emission: a panel data-based cointegration analysis[J]. Ecological Economics, 57（2）: 167-181.

Dong X Y, Yuan G Q. 2011. China's greenhouse gas emissions' dynamic effects in the process of its urbanization: a perspective from shocks decomposition under long-term constraints[J]. Energy Procedia, 5: 1660-1665.

Drucker J, Feser E. 2012. Regional industrial structure and agglomeration economies: an analysis of productivity in three manufacturing industries[J]. Regional Science and Urban Economics, 42（1-2）：1-14.

Eeckhout J, Pinheiro R, Schmidheiny K. 2010. Spatial sorting: why New York, Los Angeles and Detroit attract the greatest minds as well as the unskilled[J]. Social Science Electronic Publishing,（12）：1-30.

Ehrlich P R, Holdren J P. 1971. Impact of population growth[J]. Science, 171（3977）：1212-1217.

EPA. 2017. greenhouse gas inventory report: 1990-2014[EB/OL]. https://www.epa.gov/ghgemissions/us-greenhouse-gas-inventory-report-1990-2014[2018-01-04].

Ewing R, Rong F. 2008. The impact of urban form on U. S. residential energy use[J]. Housing Policy Debate, 19（1）：1-30.

Fagerberg J. 1994. Technology and international differences in growth rates[J]. Journal of Economic Literature, 32（3）：1147-1175.

Fan Y Z, Hu H Q, Liu H. 2007. Enhanced Coulombic efficiency and power density of air-cathode microbial fuel cells with an improved cell configuration[J]. Journal of Power Sources, 171（2）：348-354.

Fankhauser S, Tol R S J. 2005. On climate change and economic growth[J]. Resource and Energy Economics, 27（1）：1-17.

Färe R, Grosskopf S, Pasurka Jr C A. 2007. Environmental production functions and environmental directional distance functions[J]. Energy, 32（7）：1055-1066.

Färe R, Grosskopf S, Valdmanis V. 1989. Capacity, competition and efficiency in hospitals: a nonparametric approach[J]. Journal of Productivity Analysis, 1（2）：123-138.

Farhana K M, Rahman S A, Rahman M. 2014. Factors of migration in urban Bangladesh: an empirical study of poor migrants in Rahshahi city[J]. Social Science Electronic Publishing, 9（1）：105-117.

Fay M, Opal C. 2000. Urbanization without growth: a not-so-uncommon phenomenon[J]. World Bank Research Paper: 1-27.

Floros N, Vlachou A. 2005. Energy demand and energy-related CO_2 emissions in Greek manufacturing: Assessing the impact of a carbon tax[J]. Energy Economics, 27（3）：387-413.

Fox S. 2012. Urbanization as a global historical process: theory and evidence from Sub-Saharan Africa[R]. Population and Development Review, 38（2）：285-310.

Frank L D, Stone Jr B, Bachman W. 2000. Linking land use with household vehicle emissions in the central puget sound: methodological framework and findings[J]. Transportation Research Part D Transport and Environment, 5（3）：173-196.

Galeotti M, Lanza A. 2005. Desperately seeking environmental Kuznets[A]// Centre for North South Economic Research, University of Cagliari and Sassari[C]. Sardinia: 1379-1388.

Gallup J L, Sachs J D, Mellinger A D. 1999. Geography and economic development[J]. International Regional Science Review, 22（2）：179-232.

Garbaccio R F, Ho M S, Jorgenson D W. 1999. Why has the energy-output ratio fallen in China?[J]. The Energy Journal, 20（3）：63-91.

Giacomini R, Granger C W J. 2004. Aggregation of space-time processes[J]. Journal of Econometrics, 118（1-2）：7-26.

Glaeser E L, Kallal H D, Scheinkman J A, et al. 1992. Growth in cities[J]. Journal of Political Economy, （6）: 1126-1152.

Gong L, Tian J. 2011. Modeling the impact of environmental subsidies on entry and exit infrastructure projects[J]. Advanced Materials Research, 281: 74-77.

Goulder L H. 1995. Environmental taxation and the "double dividend": a reader's guide[J]. Social Science Electronic Publishing, 2（2）: 157-183.

Gradus R, Smulders S. 1993. The trade-off between environmental care and long-term growth-pollution in three prototype growth models[J]. Journal of Economics, 58（1）: 25-51.

Granger C W J. 1969. Investigating causal relations by econometric models and cross-spectral methods[J]. Econometrica, 37（3）: 424-438.

Gray W B. 1987. The cost of regulation: OSHA, EPA and the productivity slowdown[J]. The American Economic Review, 77（5）: 998-1006.

Grossman G M, Krueger A B. 1991. Environmental impacts of a north American free trade agreement[J]. NBER Working Paper, 3914（9）: 1-57.

Grossman G M, Krueger A B. 1995. Economic growth and the environment[J]. The Quarterly Journal of Economics, 110（2）: 353-377.

Grossman J. 1994. The evolution of inhaler technology[J]. The Journal of Asthma Official Journal of the Association for the Care of Asthma, 31（1）: 55-64.

Guest A M. 2012. World Urbanization: Destiny and Reconceptualization[M]. International Handbook of Rural Demography. Springer Netherlands, 49-65.

Guest R. 2010. The economics of sustainability in the context of climate change: an overview[J]. Journal of World Business, 45（4）: 326-335.

Guo H, Jiang Y-S. 2011. The relationship between CO_2 emissions, economic scale, technology, income and population in China[J]. Procedia Environmental Sciences, 11: 1183-1188.

Hawley A H. 1966. The spatial dynamics of U. S. urban-industrial growth, 1800-1914: interpretive and theoretical essays. by Allan R. Pred[J]. Economic Geography, 44（4）: 372-374.

Hayami Y. 2009. Social Capital, human capital and the community mechanism: toward a conceptual framework for economists[J]. The Journal of Development Studies, 45（1）: 96-123.

Henderson J V. 2003. Urbanization and economic development[J]. Annals of Economics and Finance, （4）: 275-341.

Henderson. 2000. How urban concentration affects economic growth[R]. World Bank Policy Research Working Paper: 23-26.

Hering L, Poncet S. 2014. Environmental policy and exports: evidence from Chinese cities[J]. Journal of Environmental Economics and Management, 68（2）: 296-318.

Herrmann M, Khan H. 2008. Rapid urbanization, employment crisis and poverty in African LDCs[J]. RePEc: 1-37.

Higgs R. 1971. American inventiveness, 1870-1920[J]. Journal of Political Economy, 79（3）: 661-667.

Holtedahl P, Joutz F L. 2004. Residential electricity demand in Taiwan[J]. Energy Economics, 26（2）: 201-224.

Hope K R. 1998. Urbanization and urban growth in Africa[J]. Journal of Asian and African Studies,

33（4）：345-358.

Hossain M S. 2011. Panel estimation for CO_2 emissions, energy consumption, economic growth, trade openness and urbanization of newly industrialized countries[J]. Energy Policy, 39（11）：6991-6999.

Huang J-P. 1993. Industry energy use and structural change: a case study of the People's Republic of China[J]. Energy Economics, 15（2）：131-136.

Huff G, Angeles L. 2011. Globalization, industrialization and urbanization in Pre-World War II southeast Asia[J]. Explorations in Economic History, 48（1）：20-36.

Hutchinson E, Kennedy P W, Martinez C. 2010. Subsidies for the production of cleaner energy: when do they cause emissions to rise?[J]. Journal of Economic Analysis & Policy, 10（1）：28-32.

IEA. 2014. CO_2 emissions from fuel combustion 2014[EB/OL]. https://www.oecd-ilibrary.org/energy/CO_2-emissions-from-fuel-combustion-2014_CO_2_fuel-2014-en[2018-01-05].

Jacobs J. 1969. The Economy of Cities[M]. New York: Vintage: 19.

Jaffe A B, Peterson S R, Portney P R, et al. 1995. Environmental regulation and the competitiveness of U.S. manufacturing: what does the evidence tell us?[J]. Journal of Economic Literature, 33（1）：132-163.

Jaffe A B, Trajtenberg M, Henderson R. 1993. Geographic localization of knowledge spillovers as evidenced by patent citations[J]. The Quarterly Journal of Economics, 108（3）：577-598.

Jiang B, Sun Z Q, Liu M Q. 2010. China's energy development strategy under the low-carbon economy[J]. Energy, 35（11）：4257-4264.

John A, Wan G. 2013. Determinants of urbanization[J]. Social Science Electronic Publishing, 355（7）：3-32.

Jones D W. 1991. How urbanization affects energy-use in developing countries[J]. Energy Policy, 19（7）：621-630.

Kaiser H F, Rice J. 1974. Little jiffy, mark IV[J]. Educational and Psychological Measurement, 34（1）：111-117.

Kambara T. 1992. The energy situation in China[J]. The China Quarterly, 131（9）：608-636.

Kao C, Chiang M-H. 2001. On the estimation and inference of a cointegrated regression in panel data[C]//Baltagi B H, Fomby T B, Hill R C. Nonstationary Panels, Panel Cointegration, and Dynamic Panels. Bingley: Emerald Group Publishing Limited: 161-178.

Kenworthy J R, Laube F B. 1996. Automobile dependence in cities: an international comparison of urban transport and land use patterns with implications for sustainability[J]. Environmental Impact Assessment Review, 16（4-6）：279-308.

Kenworthy J. 2003. Transport energy use and greenhouse gases in urban passenger transport systems: a study of 84 global cities[C]. Fremantle: Presented to the international Third Conference of the Regional Government Network for Sustainable Development: 1-28.

Knapp T, Mookeriee R P. 1996. Growth and global CO_2 emissions[J]. Energy Policy, 24（1）：31-37.

Kolko J. 2010. Urbanization Agglomeration, and Coagglomeration of Service Industries[M]. Chicago: University of Chicago Press: 151-180.

Krugman, P. 1991. Geography and Trade[M]. Cambridge: The MIT Press: 55-76.

Lal R. 2002. Soil carbon dynamics in cropland and rangeland[J]. Environmental Pollution, 116（3）: 353-362.

Lambin E F, Turner B L, Geist H J, et al. 2001. The causes of land-use and land-cover change: moving beyond the myths[J]. Global Environmental Change, 11（4）: 261-269.

Larivière I, Lafrance G. 1999. Modelling the electricity consumption of cities: effect of urban density[J]. Energy Economics, 21（1）: 53-66.

Leontief W, Ford D. 1972. Air pollution and the economic structure: empirical results of input-output computations[D]. Amsterdam: North-Holland Publishing Company: 9-30.

Li C, Kuang Y Q, Huang N S, et al. 2013. The long-term relationship between population growth and vegetation cover: an empirical analysis based on the panel data of 21 cities in Guangdong province, China[J]. International Journal of Environmental Research and Public Health, 10（2）: 660-677.

Li H N, Mu H L, Zhang M, et al. 2011. Analysis on influence factors of China's CO_2 emissions based on Path-STIRPAT model[J]. Energy Policy, 39（11）: 6906-6911.

Liddle B. 2004. Demographic dynamics and per capita environmental impact: using panel regressions and household decompositions to examine population and transport[J]. Population and Environment, 26（1）: 23-39.

Lin B Q, Jiang Z J. 2011. Estimates of energy subsidies in China and impact of energy subsidy reform[J]. Energy Economics, 33（2）: 273-283.

Lin B Q, Li X H. 2011. The effect of carbon tax on per capita CO_2 emissions[J]. Energy Policy, 39（9）: 5137-5146.

Lin B Q, Ouyang X L. 2014. Energy demand in China: comparison of characteristics between the US and China in rapid urbanization stage[J]. Energy Conversion and Management, 79: 128-139.

Linn J. 2008. Energy prices and the adoption of energy-Saving technology[J]. The Economic Journal, 118（533）: 1986-2012.

Lise W. 2006. Decomposition of CO_2 emissions over 1980-2003 in Turkey[J]. Energy Policy, 34（14）: 1841-1852.

Liu L-C, Fan Y, Wu G, et al. 2007. Using LMDI method to analyze the change of China's industrial CO_2 emissions from final fuel use: an empirical analysis[J]. Energy Policy, 35（11）: 5892-5900.

Liu Y B. 2009. Exploring the relationship between urbanization and energy consumption in China using ARDL（autoregressive distributed lag）and FDM（factor decomposition model）[J]. Energy, 34（11）: 1846-1854.

Lucas Jr R E. 1988. On the mechanics of economic development[J]. Journal of Monetary Economics, 22（1）: 3-42.

Lutsey N, Sperling D. 2008. America's bottom-up climate change mitigation policy[J]. Energy Policy, 36（2）: 673-685.

Maddison D J. 2007. Modelling sulphur emissions in Europe: a spatial econometric approach[J]. Oxford Economic Papers, 2007, 59（4）: 726-743.

Madlener R, Sunak Y. 2011. Impacts of urbanization on urban structures and energy demand: what can we learn for urban energy planning and urbanization management?[J]. Sustainable Cities and

Society，1（1）：45-53.

Managi S，Kaneko S. 2004. Environmental productivity in China[J]. Economics Bulletin，17（2）：1-10.

Marshall A. 1961. Principles of economics[J]. Political Science Quarterly，31（77）：430-444.

Martínez-Zarzoso I，Maruotti A. 2011. The impact of urbanization on CO_2 emissions：evidence from developing countries[J]. Ecological Economics，70（7）：1344-1353.

Matano A，Naticchioni P. 2012. Wage distribution and the spatial sorting of workers[J]. Journal of Economic Geography，12（2）：379-408.

Michaels G，Rauch F，Redding S J. 2008. Urbanization and structural transformation[J]. The Quarterly Journal of Economics，127（2）：535-586.

Mielnik O，Goldemberg J. 1999. Communication the evolution of the "carbonization index" in developing countries[J]. Energy Policy，27（5）：307，308.

Moomaw R L，Shatter A M. 1996. Urbanization and economic development：A Bias toward Large Cities?[J]. Journal of Urban Economics，40（1）：13-37.

Mountain D C. 1986. Impact of higher energy prices on wage rates，return to capital，energy intensity and productivity：a regional profit specification[J]. Energy Economics，8（3）：171-176.

Newman P W G，Kenworthy J R. 1989. Cities and Automobile Dependence：A Sourcebook[M]. UK：Gower Technical Aldershot：13-29.

Northam R M. 1975. Urban Geography[M]. New York：John Wiley & Sons：19-23.

OECD. 2002. Indicators to measure decoupling of environmental pressures for economic growth[R]. Paris：OECD：10-23.

OECD. 2010. Cities and climate change[R]. Paris：OECD：20-27.

Owens S. 1995. Transport，land-use planning and climate change what prospects for new policies in the UK?[J]. Journal of Transport Geography，3（2）：143-145.

Pachauri S，Jiang L W. 2008. The household energy transition in India and China[J]. Energy Policy，36（11）：4022-4035.

Pandey S M. 1977. Nature and determinants of urbanization in a developing economy：the case of India[J]. Economic Development and Cultural Change，25（2）：265-278.

Pashigian B P. 1985. Environmental regulation：whose self-interests are being protected?[J]. Economic Inquiry，23（4）：551-584.

Pearce D. 1991. The role of carbon taxes in adjusting to global warming[J]. The Economic Journal，101（407）：938-948.

Pedroni P. 1999. Critical values for cointegration tests in heterogeneous panels with multiple regressors[J]. Oxford Bulletin of Economics and Statistics，61（SI）：653-670.

Perkins D H，Radelet S，Lindauer D L，et al. 2012. Economics of Development[M]. 7th ed. New York：W. W. Norton：12-23.

Peters G P，Weber C L，Guan D，et al. 2007. China's growing CO_2 emissions—a race between increasing consumption and efficiency gains[J]. Environmental Science & Technology，41（17）：5939-5944.

Poelhekke S. 2011. Urban growth and uninsured rural risk：booming towns in bust times[J]. Journal of Development Economics，96（2）：461-475.

Poon J P H, Casas I, He C F. 2006. The impact of energy, transport, and trade on air pollution in China[J]. Eurasian Geography and Economics, 47（5）: 568-584.

Popp D. 2002. Induced innovation and energy prices[J]. The American Economic Review, 92（1）: 160-180.

Popper K, Hayes P, Moran B T, et al. 2011. National Innovation Systems: A Comparative Analysis[M]. New York: Oxford University Press: 11-20.

Porter M E, van der Linde C. 1995. Toward a new conception of the environment-competitiveness relationship[J]. The Journal of Economic Perspectives, 9（4）: 97-118.

Poumanyvong P, Kaneko S. 2010. Does urbanization lead to less energy use and lower CO_2 emission? A cross-country analysis[J]. Ecological Economics, 70（2）: 434-444.

Prinz D, Singh A K. 2000. Water resources in arid regions and their sustainable management[J]. Annals of Arid Zone, 39（3）: 251-271.

Puliafito S E, Puliafito J L, Grand M C. 2008. Modeling population dynamics and economic growth as competing species: an application to CO_2 global emissions[J]. Ecological Economics, 65（3）: 602-615.

Reinhard S, Lovell C A K, Thijssen G J. 2000. Environmental efficiency with multiple environmentally detrimental variables; estimated with SFA and DEA[J]. European Journal of Operational Research, 121（2）: 287-303.

Reitler W, Rudolph M, Schaefer H. 1987. Analysis of the factors influencing energy consumption in industry: a revised method[J]. Energy Economics, 9（3）: 145-148.

Romer D. 2001. Advanced Macroeconomics[M]. 2nd ed. Shanghai: Shanghai University of Finance & Economics Press the McGraw-Hill Companies: 37-41.

Romer P M. 1986. Increasing returns and long-run growth[J]. Journal of Political Economy, 94（5）: 1002-1037.

Romualdas J. 2003. Transition period in Lithuania-do we move to sustainability?[J]. Environmental research, Engineering and Management, 4（26）: 4-9.

Rosa E A, York R, Dietz T. 2004. Tracking the anthropogenic drivers of ecological impacts[J]. Ambio, 33（8）: 509-512.

Sadorsky P. 2014. The effect of urbanization on CO_2 emissions in emerging economies[J]. Energy Economics, 41（1）: 147-153.

Sahu S K, Narayanan K. 2010. Decomposition of industrial energy consumption in India manufacturing: the energy intensity approach[J]. Journal of Environmental Management and Tourism, 1（1）: 22-38.

Shafiei S, Salim R A. 2014. Non-renewable and renewable energy consumption and CO_2 emissions in OECD countries: a comparative analysis[J]. Energy Policy, 66（3）: 547-556.

Shafik N, Bandyopadhyay S. 1992. Economic growth and environmental quality: time series and cross-country evidence[R]. World Development Report: 19-26.

Sheng P F, Guo X H. 2016. The long-run and short-run impacts of urbanization on carbon dioxide emissions[J]. Economic Modelling, 53: 208-215.

Shrestha R M, Anandarajah G, Liyanage M H. 2009. Factors affecting CO_2 emission from the power sector of selected countries in Asia and the Pacific[J]. Energy Policy, 37（6）: 2375-2384.

Siddiqi T A. 2000. The Asian financial crisis-is it good for the global environment?[J]. Global Environmental Change, 10（1）：1-7.

Solow R M. 1956. A contribution to the theory of economic growth[J]. The Quarterly Journal of Economics, 70（1）：65-94.

Stefanski R L. 2010. Essays on structural transformation in international economics[D]. University of Minnesota, ProQuest Dissertations：24-38.

Stephens J K, Denison E F. 1981. Reviewed work：accounting for slower economic growth：the United States in the 1970s by Edward F. Denison[J]. Southern Economic Journal, 47（4）：1191-1193.

Stern D I. 1998. Progress on the environmental Kuznets curve?[J]. Environment and Development Economics, 3（2）：173-196.

Stern H. 2008. The accuracy of weather forecasts for Melbourne, Australia[J]. Meteorological Applications, 15（1）：65-71.

Stern N. 2006. Stern review on the economics of climate change[J]. South African Journal of Economics, 75（2）：369-372.

Stern N. 2007. Stern review on the economics of climate change[D]. Cambridge：Cambridge University Press：21-34.

Stern N. 2007. The Economics of Climate Change：The Stern review[M]. Cambridge：Cambridge University Press：1-37.

Sterner T, van den Bergh J C J M. 1998. Frontiers of environmental and resource economics[J]. Environmental and Resource Economics, 11（3-4）：243-260.

Stokey N. 1998. Are there limits to growth?[J]. International Economic Review, 39（1）：1- 31.

Stone G, Joseph M, Blodgett J. 2004. Toward the creation of an eco-oriented corporate culture：a proposed model of internal and external antecedents leading to industrial firm eco-orientation[J]. Journal of Business and Industrial Marketing, 19（1）：68-84.

Stretesky P B, Lynch M J. 2009. A cross-national study of the association between percapita carbon dioxide emissions and exports to the United States[J]. Social Science Research, 38（1）：239-250.

Sun J W. 2005. The decrease of CO_2 emission intensity is decarbonization at national and global levels[J]. Energy Policy, 33（8）：975-978.

Svirejeva-Hopkins A, Schellnhuber H-J. 2006. Modelling carbon dynamics from urban land conversion：fundamental model of city in relation to a local carbon cycle[J]. Carbon Balance and Management, 1（1）：8.

Talukdar D, Meisner C M. 2001. Does the private sector help or hurt the environment? Evidence from carbon dioxide pollution in developing countries[J]. World Development, 29（5）：827-840.

Tapio P. 2005. Towards a theory of decoupling：degrees of decoupling in the EU and the case of road traffic in Finland between 1970 and 2001[J]. Transport Policy, 12（2）：137- 151.

Tezuka T, Okushima K, Sawa T. 2002. Carbon tax for subsidizing photovoltaic power generation systems and its effect on carbon dioxide emissions[J]. Applied Energy, 72（3-4）：677-688.

Tian X, Chang M, Shi F, et al. 2014. How does industrial structure change impact carbon dioxide emissions? A comparative analysis focusing on nine provincial regions in China[J].

Environmental Science & Policy, 37（3）: 243-254.

Timmins C. 2006. Estimating spatial differences in the Brazilian cost of living with household location choices[J]. Journal of Development Economics, 80（1）: 59-83.

Tobler W R. 1970. A computer movie simulating urban growth in the Detroit region[J]. Economic Geography, 46（2）: 234-240.

Tone K. 2001. A slacks-based measure of efficiency in data envelopment analysis[J]. European Journal of Operational Research, 130（3）: 498-509.

Trisolini K A. 2010. All hands on deck: local governments and the potential for bidirectional climate change regulation[J]. Stanford Law Review, 62（3）: 669-746.

Uzawa H. 1965. Optimum technical change in an aggregative model of economic growth[J]. International Economic Review, 6（1）: 18-31.

Vehmas J, Kaivo-oja J, Luukkanen J. 2003. Global trends of linking environmental stress and economic growth[R]. Turku: Tutu Publications: 1-25.

Venables A J. 2010. Productivity in cities: self-selection and sorting[J]. Journal of Economic Geography, 11（2）: 241-251.

Verbruggen A, Lauber V. 2009. Basic concepts for designing renewable electricity support aiming at a full-scale transition by 2050[J]. Energy Policy, 37（12）: 5732-5743.

Vernon Henderson. 2000. The effects of urban concentration on economic growth[D]. NBER Working Paper, 7503: 1-44.

Wall A P T. 2001. The relation between the warranted growth rate, the natural rate, and the balance of payments equilibrium growth rate[J]. Journal of Post Keynesian Economics, 24（1）: 81-88.

Wang C, Chen J N, Zou J. 2005. Decomposition of energy-related CO_2 emission in China: 1957-2000[J]. Energy, 30（1）: 73-83.

Wang P, Wu W S, Zhu B Z, et al. 2013. Examining the impact factors of energy-related CO_2 emissions using the STIRPAT model in Guangdong province, China[J]. Applied Energy, 106: 65-71.

Wang Y, Li L, Kubota J, et al. 2016. Does urbanization lead to more carbon emission? Evidence from a panel of BRICS countries[J]. Applied Energy, 168: 375-380.

Watson R T, Noble I R, Bolin B, et al. 2000. Land Use, Land Use Change, and Forestry[M]. Cambridge: Cambridge University Press: 300-308.

Waygood E O D, Sun Y L, Susilo Y O. 2014. Transportation carbon dioxide emissions by built environment and family lifecycle: case study of the Osaka metropolitan area[J]. Transportation Research Part D: Transport and Environment, 31（31）: 176-188.

Yang J, Zhang T F, Sheng P F, et al. 2016. Carbon dioxide emissions and interregional economic convergence in China[J]. Economic Modelling, 52: 672-680.

Yang P P-J, Lay O B. 2004. Applying ecosystem concepts to the planning of industrial areas: a case study of Singapore's Jurong island[J]. Journal of Cleaner Production, 12（8-10）: 1011-1023.

York R. 2007. Demographic trends and energy consumption in European Union Nations, 1960-2025[J]. Social Science Research, 36（3）: 855-872.

York R, Rosa E A, Dietz T. 2003. STIRPAT, IPAT and ImPACT: analytic tools for unpacking the driving forces of environmental impacts[J]. Ecological Economics, 46（3）: 351-365.

Zahabi S A H, Miranda-Moreno L, Patterson Z, et al. 2012. Transportation greenhouse gas emissions and its relationship with urban form, transit accessibility and emerging green technologies: a montreal case study[J]. Procedia-Social and Behavioral Sciences, 54（2375）: 966-978.

Zha D L, Zhou D Q, Zhou P. 2010. Driving forces of residential CO_2 emissions in urban and rural China: an index decomposition analysis[J]. Energy Policy, 38（7）: 3377-3383.

Zhang C G, Lin Y. 2012. Panel estimation for urbanization, energy consumption and CO_2 emissions: a regional analysis in China[J]. Energy Policy, 49（10）: 488-498.

Zhang Y G. 2009. Structural decomposition analysis of sources of decarbonizing economic development in China: 1992-2006[J]. Ecological Economics, 68（8/9）: 2399-2405.

Zhao M, Zhang Y. 2009. Development and urbanization: a revisit of Chenery-Syrquin's patterns of development[J]. The Annals of Regional Science, 43（4）: 907-924.

Zhou P, Ang B W, Han J Y. 2010. Total factor carbon emission performance: a Malmquist index analysis[J]. Energy Economics, 32（1）: 194-201.

Zhou P, Ang B W, Wang H. 2012. Energy and CO_2 emission performance in electricity generation: a non-radial directional distance function approach[J]. European Journal of Operational Research, 221（3）: 625-635.

Zhou X Y, Zhang J, Li J P. 2013. Industrial structural transformation and carbon dioxide emissions in China[J]. Energy Policy, 57（3）: 43-51.

附　　录

城镇化发展水平综合测度的 Python 实现代码，主要利用的是 numpy 的矩阵计算。

```
# -*- coding: UTF-8 -*-
import numpy as np
import pandas as pd
from sqlalchemy import create_engine
con                                                                          =
create_engine("mysql+pymysql://root:root@localhost:3306/laopo?charset=utf8")
fp="e:/shangquan.xlsx"
#读取数据，并删除行头和列头，如果未标准化，则标准化
data=pd.read_excel(fp,skiprows=[0],index_col=None,header=None,encoding='ut
f8')#
#data = pd.read_excel(fp, index_col=0, encoding='utf8') #此法不用去掉第一列
第一行
#data = (data - data.min())/(data.max() - data.min())
data = data.drop([data.columns[0]], axis=1, inplace=False)
#print(data)
m,n=data.shape#m,n 为行和列
#print(data)#ndarray,数组
#将 dataframe 格式转化为 matrix 格式
data1=data.as_matrix(columns=None)
#第二步，计算 pij
k=1/np.log(m)
yij=data1.sum(axis=0)
pij=data1/yij
#计算每种指标的信息熵
test=pij*np.log(pij)
```

```
test=np.nan_to_num(test)
ej=-k*(test.sum(axis=0))
#计算每种指标的权重
wi=(1-ej)/np.sum(1-ej)
#print(wi)
#print(wi.dtype)
a = wi.tolist()
#print(a)
#对各个城市进行评分，先计算每个城市的每种指标，乘以每种指标的权重
b = data
for i in range(len(a)):
for j in range(len(b)):
b.iloc[j, i] = a[i] * b.iloc[j, i]
print(b)
#把各个城市的分数合并
#axis=0)#计算每一列（二维数组中类似于矩阵的列）的和。竖着计算,a.sum(axis=1)#计算每一行的和。横着计算.
c = data.sum(axis=1)
#print(c)
a = pd.DataFrame(a,columns=list('w'))
c = pd.DataFrame(c,columns=list('k'))
g = pd.merge(b,c,how='left',left_index=True,right_index=True)
a.to_sql(name = 'citya',con = con,if_exists = 'replace')#把各指标权重写入到数据库
# b.to_sql(name = 'cityb',con = con,if_exists = 'replace')#把各个城市的评分写入到数据库
# c.to_sql(name = 'cityd',con = con,if_exists = 'replace')#把各个城市的总分写入到数据库
g.to_sql(name = 'cityg',con = con,if_exists = 'replace')#把各个城市的评分+总分写入到数据库
#print(d)
print("is done")
```